输变电工程环境保护与水土保持丛书

变电站
噪声控制技术

国网湖北省电力有限公司 组编

内 容 提 要

本书是“输变电工程环境保护与水土保持丛书”的《变电站噪声控制技术》分册，共6章，主要包括概述，噪声基础知识，变电站噪声特性分析、测量技术、仿真技术、控制技术等内容。

本书主要面向参与输变电工程环境保护与水土保持项目的各方，对从事变电站建设前期规划、中期施工和后期维护的技术和管理人员均有重要的参考价值。

图书在版编目（CIP）数据

变电站噪声控制技术 / 国网湖北省电力有限公司组编．—北京：中国电力出版社，2020.12
（输变电工程环境保护与水土保持丛书）
ISBN 978-7-5198-4995-5

Ⅰ．①变…　Ⅱ．①国…　Ⅲ．①变电站－噪声控制　Ⅳ．①TM63

中国版本图书馆CIP数据核字（2020）第182730号

出版发行：中国电力出版社
地　　址：北京市东城区北京站西街19号（邮政编码100005）
网　　址：http://www.cepp.sgcc.com.cn
责任编辑：穆智勇（zhiyong-mu@sgcc.com.cn）
责任校对：黄　蓓　郝军燕
装帧设计：王红柳
责任印制：石　雷

印　　刷：三河市万龙印装有限公司
版　　次：2020年12月第一版
印　　次：2020年12月北京第一次印刷
开　　本：787毫米×1092毫米　16开本
印　　张：7.5
字　　数：184千字
印　　数：0001—1500册
定　　价：40.00元

本书编委会

主　编　冀肖彤

副主编　张大国　詹学磊

参　编　蔡　萱　王　晖　姚　娜　李　辉　秦向春

喻培元　段金虎　蔡　勇　秦向春　李　庆

王　利　邓　丽　王　晟　皮江红　廖世凯

瞿子涵　许　超　胡甫才　阮智邦

前　言

随着《环境保护法》《环境影响评价法》《建设项目环境保护管理条例》《水土保持法》及其配套规章的制（修）订及实施，电网环境保护与水土保持工作面临的监管形势更加错综复杂，电网企业在噪声污染、废水排放及废油风险防范、水土流失治理等方面的主体责任被进一步压实和明确。随着事中事后监管的逐步推进和环保、水保执法力度全面加强，输变电工程环境保护与水土保持典型设计的有效性、可靠性、合理性以及经济性已经成为电网高质量发展的关键因素之一。

近年来国内外大量科研院校和企事业单位都围绕电网噪声污染控制、废水处理、变压器油环境风险防控、水土保持和生态恢复设计等内容，开展了很多理论研究和工程实践，取得了一系列研究成果和实践案例。但这些工作分布较为零散，不便于相关管理及科研设计人员系统地了解和掌握输变电环水保设计要求、理念和具体方案措施。

为了建立系统的输变电工程环水保典型设计技术体系，有利于保存和推广已有的环保典型设计重大研究成果，并为后续环保典型设计研究的重点方向提供指导，国网湖北省电力有限公司于 2018 年 3 月启动了“输变电工程环境保护与水土保持丛书”的编撰工作。整套丛书在对现有研究成果和学术专著分类整编的基础上，着眼于噪声、废水废油、水土保持与生态保护的措施设计和施工，共分为六个分册，本书是《变电站噪声控制技术》分册。本书系统梳理了变电站噪声控制相关的各类法律法规，针对变电站工程中噪声源较多的特点，全面分析了不同噪声源的发声机理、噪声测试方法和噪声特点，详细描述了常用的各种噪声控制方法。

《变电站噪声控制技术》分册主要面向电网企业一线环保管理人员，力求深入浅出，理论结合实际，既能让工作人员能够理解基础的噪声理论，也能通过理论指导变电站工程中涉及的噪声测试、分析和治理各环节的实际工作，为一线工作人员在变电站噪声控制管理环节提供专业参考。

本丛书由国网湖北省电力有限公司组织编写，湖北安源安全环保科技有限公司、国家电网有限公司、国网经济技术研究院、武汉理工大学会同国网湖北省电力有限公司的专家学者参与了书稿各阶段的编写、审查和讨论，提出了许多宝贵的意见和建议。在此谨向参编各单位和个人表示衷心的感谢，向关心和支持丛书编写的各位领导表示诚挚的敬意。

由于时间仓促，加之编者能力所限，本书难免存在不足之处，恳请各位读者批评指正。

编　者

2020 年 10 月

目　录

1 概述

电能作为一类二次能源，具有清洁、高效等特点。随着城市规模的扩张，用电负荷逐年增加，在国土资源有限的情况下，大量的输变电工程（如变电站）靠近居民区，变电站运行过程中产生的噪声对周边环境会产生影响。同时，国家立法对于城市环境噪声的要求越来越严格，对于输变电工程中噪声的控制和治理已经成为当前亟待解决的重大问题。

1.1 输变电工程噪声现状

远距离电力输送主要有交流高压输电和直流高压输电两种方式，而输变电工程作为重要的电力传输中继站，其作用是进行电压的高低压变换，便于远距离输电。电力输送系统如图 1-1 所示。

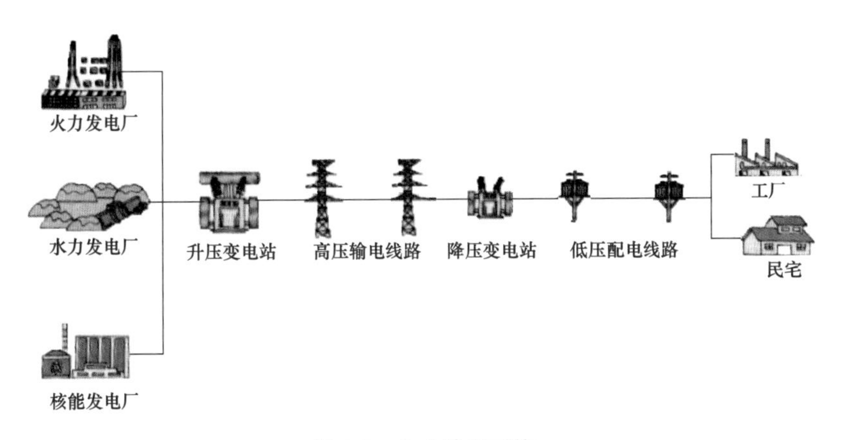

图 1-1　电力输送系统

变电站是电力输送系统中的中转站，电力系统中变换电压、接受和分配电能、控制电流和调整电压主要靠变电站来完成。变电站在整个电力输送系统中具有核心枢纽地位。

随着现代工业的发展，城市化进程的加快，电力负荷迅速攀升，变电站数量不断增加及电压等级不断提高。在此大背景下，一方面原本处于荒郊区域的变电站越来越靠近居住区；另一方面使用年限较长的变电站配备的变电设备自身具有较大的噪声级，使得在以前并不突出的变电站噪声问题成为当前面临的主要问题。此外，随着城市规模和人口的增加，电力需求量急剧增加，大城市国有土地资源有限，许多新建变电站同其他民用、商用建筑毗邻，使得变电站噪声对周边环境产生影响；并且变电站规模越大，电压等级越高，变电站运行时产生的噪声对周边环境的影响也越大。

在电力传输过程中，高压及超高压输电线路导线上经常发生电晕现象，如图 1-2 所示。电晕放电具有如下特征：①伴有“嘶嘶”的响声，有时有微弱的辉光；②发生电晕时，因为有光、声和热效应会引起电能功率损失；③伴随电晕产生的高频脉冲电流带有高次谐波，会造成无线电干扰；④电晕使周围空气产生局部游离态，产生的臭氧和氧化氮等成分会腐蚀金属设备；⑤电晕会产生可听噪声，影响周边声环境。

图 1-2　高压输电线上的电晕现象

最新的环境保护法规规定，当企事业单位和其他生产经营者所排放的噪声超过国家法律规定的量值时，环保部门要征收噪声税。从企事业单位自身经济角度看，开展环境噪声治理工程，是减少经济损失的必要措施。

1.1.1　变电站噪声

在输变电工程中，对环境影响最大的是变电站的噪声。变电站中的主要电力设备包括变压器、电抗器、电容器和通风风机等。变电站噪声的主要来源是变压器运行时本体产生的噪声以及冷却设备运行时产生的流体噪声和机械噪声等。

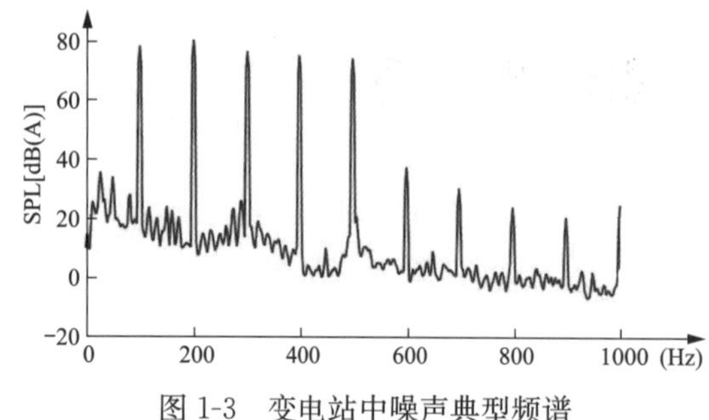

图 1-3　变电站中噪声典型频谱

在城市中心与居民区离得最近的是 110kV 和 220kV 变电站，其中变压器是最主要的噪声源。变压器噪声是由以 100Hz 为基频的谐频噪声信号所组成，具有典型的低频线谱特征，如图 1-3 所示。这种低频的噪声衰减慢、传播距离远，即使在较高背景噪声情况下，也可以听到这种低频的声音。

变电站设备主要产生低频噪声，会对人们生理健康、心理健康和环境造成一定程度的影响，主要表现在如下四个方面。

（1）低频噪声具有较强的绕射性和透射性，当低频声音在空气中传播时，由于空气分子振动小、摩擦较慢、能量消耗少，所以传播距离比较远，对大范围内的居民都会产生影响。

（2）低频噪声的波长较长，当其与房屋尺寸相近时，会引起墙体、天花板等建筑构件的共振现象，因此对变电站附近的居民楼、办公楼以及一些基础设施的安全产生危害。

（3）低频噪声可以通过结构传声，穿过墙壁进入人体。人体内各器官的固有频率基本上都在低频和超低频范围内，这些器官容易与低频噪声产生共振，从而引起人的烦恼和不适，威胁人的身体健康。

(4) 低频噪声可以直达人的耳骨，引起人的交感神经紧张、血压升高、心律不齐等。人如果长期受到低频声音的困扰，容易产生失眠、头痛、神经衰弱、记忆力和综合判断能力下降等现象，严重影响人的身心健康。

世界卫生组织（WHO）非常关注环境噪声问题，提出了如表 1-1 所示的 21 世纪声环境噪声质量的指导值。

表 1-1　　21 世纪声环境噪声质量指导值

具体环境	健康影响	L_{Aeq}[dB（A）]	时间（h）	L_{Amax}[F/dB（A）]
户外生活区	严重烦恼，昼、晚 中度烦恼，昼、晚	55 50	16 16	—
起居室 卧室	语言干扰和中度烦恼，昼、晚 睡眠干扰，夜间	35 30	16 8	— 45
卧室外	睡眠干扰，开窗（户外值）	45	8	60
学校及幼儿园室内	语言可懂度，交谈干扰	35	上课期间	—
幼儿园卧室	睡眠干扰	30	睡觉期间	45
学校户外活动场所	外部声源干扰	55	活动期间	—
医院监护室 病房	睡眠干扰，夜间 睡眠干扰，昼、晚	30 30	8 16	40

参照国际标准并结合国情，我国加强了对变电站环境噪声的国家标准制定工作。GB 3096《声环境质量标准》将城市变电站声环境功能区划分成 5 类，针对每类噪声环境，规定了该功能区的噪声声压级限值。国家电网有限公司企业标准 Q/GDW 11736—2017《城市变电站降噪模块化设计规范》提出的城市变电站厂界环境噪声不同功能区的噪声排放限值如表 1-2 所示。

表 1-2　　城市变电站厂界环境噪声排放限值　　dB（A）

城市变电站（厂界）声环境功能区类别	时段	
	昼间	夜间
0	50	40
1	55	45
2	60	50
3	65	55
4	70	55

1.1.2　法规及标准

我国非常重视环境噪声对人的影响，相继出台了相关法律，包括《中华人民共和国环境保护法》《中华人民共和国环境噪声污染防治法》还制定了相关标准，包括 GB 12348《工业企业厂界环境噪声排放标准》、GB 3096《声环境质量标准》和 GB/T 3222《声学　环境噪声的描述、测量和评价》等。为确保变电站所产生的噪声不会对环境有较大影响，规定在居住区变电站厂界噪声须符合 GB 12348—2008，在变电站周围区域噪声须符合 GB 3096—2008 相应功能区要求。

2016年12月，第十二届全国人民代表大会常务委员会正式通过了《中华人民共和国环境保护法》，并已于2018年1月1日实施。该环保税法正式将噪声纳入应税污染物的范围中，这也意味着过去按照《排污费征收标准管理办法》征收的噪声超标排污费将退出历史舞台。根据最新的税法解释，应税污染物的计税依据由应税噪声按照超过国家规定标准的分贝数确定，不再考虑是否存在干扰他人正常生活、工作和学习的情况。这意味着特高压变电站的噪声排污收费与现有选址是否远离居民区及声敏感区域无关。即使厂界不存在噪声扰民的情况，也要满足厂界噪声达标排放的标准。表1-3给出了环境保护税中关于噪声税的征收标准。

表1-3　　环境保护税税目额表

噪声污染	建筑噪声	建筑面积每平方米	3元
	工业噪声	超过1dB	每月350元
		超过2dB	每月440元
		超过3dB	每月550元
		超过4dB	每月700元
		超过5dB	每月880元
		超过6dB	每月1100元
		超过7dB	每月1400元
		超过8dB	每月1760元
		超过9dB	每月2200元
		超过10dB	每月2800元
		超过11dB	每月3520元
		超过12dB	每月4400元
		超过13dB	每月5600元
		超过14dB	每月7040元
		超过15dB	每月8800元
		超过16dB	每月11200元

1.2　输变电工程噪声治理方法

对于变电站噪声的控制与治理，可以通过分析变电站内声学系统的组成来解决。声源、传播途径和接受者是组成声学系统的三个环节，如图1-4所示，从这三个方面采取技术措施来抑制噪声，通过抑制噪声的产生、控制噪声传播的路径传播和对接受者声学保护来实现噪声治理。噪声治理系统既要满足降噪量的要求，又要符合技术经济性指标，还要考虑到技术的可行性。

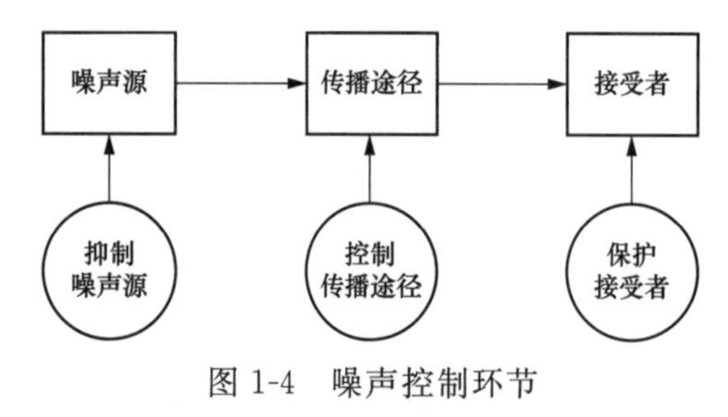

图1-4　噪声控制环节

1.2.1　噪声源治理

从声源上控制噪声，是最直接、最有效的噪声控制方法。噪声源控制，即从声源上降噪，就是通过研制和选择低噪声设备，采用改进设备的结构、改变操作工艺方法、提高加工精度或装配精度等措施，使发声体变为不发声体或降低发声体的声功率，将其噪声控制在允许的范围内。

对于高压变电站内的噪声源设备，如变压器和电抗器，可以通过减小铁芯振动激励力，或者改变噪声设备的结构，将各构件之间的衔接由原来的刚性连接改为柔性连接，将变压器的风冷方式改换为油冷方式等来降低噪声。总的来说，设计并安装低噪声变压器，是解决变电站噪声的根本途径。

1.2.2 噪声传播途径治理

变压器本体作为变电站中的主要噪声源，其产生的噪声沿着一定的传播路径到达受声点，在传播路径上阻断噪声的传播，也是一种有效的噪声控制方法。传播途径控制是目前噪声控制措施当中最主要的一种方法，图 1-5 所示的声屏障是当前在变电站噪声治理中广泛采用的通过传播路径控制开展噪声治理的措施。

噪声传播路径控制是在声源噪声控制受限时最常见的噪声控制技术，特别是针对噪声超标的老旧变电站，在不便更换低噪声变压器的情况下，采用传播路径噪声控制是一种较为稳妥的方法，且工程施工期间不会对变电站的日常运维造成影响。因为变电站噪声具有低频属性，所以声屏障要产生有效声阻隔作用必须做成很大，那么就会增加成本，也给环境视线和采光带来影响。

图 1-5　变电站使用的隔声屏

对于户内变电站，因为通风换热的需要，往往开设通风窗口，这些窗口成为噪声传播的主要通道。如果噪声治理中将这些窗口全部封闭，虽然可以明显降低周边环境的噪声，但会对变电站的通风换热效果产生不利影响。因此，在变电站环境噪声控制方面需开发更方便、高效的传播路径噪声控制措施。

1.2.3 噪声接受处治理

接受者是声学系统的最后环节，也是噪声控制的终端。在噪声源及传播路径采取措施仍不能有效降低噪声时，就要从噪声接受者方面采取措施，减少噪声对环境的影响。噪声接收端的噪声治理，就是对噪声接受者装备噪声防护装置。这是一种较经济适用的方法，包括房屋安装隔声窗，人体佩戴耳塞、耳罩、特制帽子、穿防护衣等，主要是利用隔声的原理，阻挡外界的噪声向人耳内传送。

1.2.4 噪声治理的发展

噪声治理工程中主要采用噪声源控制以及传播路径控制两种方式降低变电站厂界的噪声水平。具体而言，前者主要采用更换低噪声变压器，能够从噪声源头直接降低变压器的噪声声压级，降噪效果较为显著，但降噪成本较高，在施工中需要断电；后者主要通过在噪声传播路径中施加隔/吸声材料以吸收声信号能量的方法降低噪声。

国外在变压器振动和噪声研究方面起步较早，产生了大量基础性研究成果。早在 20 世纪 20 年代，国外一些变压器制造公司和相关研究机构就开始对变压器振动噪声问题开展研究。美国电气和电子工程师协会（IEEE）在 1968 年 2 月发表了一份报告，统计了 1930～1966 年间各国发表的 421 篇关于变压器噪声研究的文献和 90 项专利，相关内容包括变压器噪声和振动产生原因、机理、特性、降噪措施以及一些技术和环保标准。报告内大部分文献来自美国的研究机构和变压器制造公司（西屋公司、通用电气公司等）；20 世纪 70 年代以来，国外对变压器噪声的研究更加广泛和深入，表现在研究规模扩大、声强法等测试新方法的引入、模拟仿真软件的使用等，研究大部分集中在硅钢片的磁致伸缩、电磁作用力、材料的热处理方法、噪声测试等方面。

国内对变压器振动噪声方面的研究起步相对较晚，直到 1980 年前后一些变压器制造厂才开始对变压器的噪声进行试验研究。最初的文献集中在分析和阐述变压器噪声和振动产生机理，如详细阐述变压器噪声的产生原因、变压器噪声与电源频率及磁致伸缩的关系；20 世纪 90 年代中期，保定变压器厂系统介绍了变压器噪声有关的基本概念、噪声产生机理、噪声测量、影响变压器噪声的因素、降低变压器噪声的技术措施和低噪声变压器设计要点。之后，国内对变压器振动噪声问题的重视程度不断提高，许多高校、电力企业、变压器制造厂已开展了大量研究工作，研究内容涉及变压器噪声和振动产生机理、噪声源特性、噪声传播规律、噪声和振动控制方法等诸多方面。

纵观国内外的变电站噪声控制与治理方法与措施，最主要的措施是利用噪声源控制和接受点控制两种途径，但操作难度也较大，最终效果往往不尽如人意。而在噪声传播路径控制方面，仅靠建立隔声屏障，加装吸声材料，对低频噪声的处理效果也不是很好，而对于采取整体隔声局部消声处理，设计出合适的低频消声器又十分困难。

当前对于变电站噪声的治理，国内外都还未能给出一个很完美的解决方案。要想做到经济性、实用性和高效性并行十分困难。因此，对于变电站噪声治理措施，需要探索和应用更加先进的技术。

1.3　输变电工程噪声控制标准及评价体系

1.3.1　控制标准

针对噪声控制问题，为了科学评价变电站噪声的影响，我国很早就制定了一系列的标准和法规。

1.3.1.1　城市变电站噪声排放限值

根据 GB 12348 的规定，城市变电站厂界环境噪声不应超过表 1-2 规定的限值。根据 GB 3096 对城市声环境功能区进行划分，声环境功能区分为以下五种类型：

（1）0 类声环境功能区：指康复疗养区等特别需要安静的区域。

（2）1 类声环境功能区：指以居民住宅、医疗卫生、文化教育、科研设计、行政办公为主要功能，需要保持安静的区域。

（3）2 类声环境功能区：指以商业金融、集市贸易为主要功能，或者居住、商业、工业混杂，需要维护住宅安静的区域。

（4）3 类声环境功能区：指以工业生产、仓储物流为主要功能，需要防止工业噪声对周围环境产生严重影响的区域。

(5) 4 类声环境功能区：指交通干线两侧一定距离之内，需要防止交通噪声对周围环境产生严重影响的区域。

1.3.1.2 城市变电站附近的敏感建筑物振级限值

根据 GB 10070《城市区域环境振动标准》的规定，当变电站中固定变电设备振动通过建筑物结构传播至敏感建筑物时，建筑物的铅垂振级不得超过表 1-4 规定的限值。

表 1-4 城市住宅建筑振级限值 dB

适用地带范围	昼间	夜间
特殊住宅区	65	65
居民、文教区	70	67
混合区、商业中心区	75	72
工业集中区	75	72
交通干线道路两侧	75	72

1.3.1.3 城市变电站声源设备声级限值

为了降低变电站厂界的声压级，需对发出噪声较大的声源设备（如变压器与电抗器）的声压级进行限制。国家电网有限公司企业标准 Q/GDW 11736—2017《城市变电站降噪模块化设计规范》提出变电站中所采用变压器的声压级不应超出表 1-5 规定的限值，变电站中所采用电抗器的声级不应超出表 1-6 规定的限值。

表 1-5 新建城市变电站变压器声压级限值

电压等级（kV）	声压级限值［dB（A）］
66	<65
110	≤65
220	<65
330	<70
500	<70

表 1-6 新建城市变电站电抗器声级限值

电压等级及电抗器型式	容量（Mvar）	结构形式	声级限值［dB（A）］
330kV 高压并联电抗器	20/30	单相油浸式	≤75
66kV 低压并联电抗器	20	单相干式空心	≤57
66kV 低压并联电抗器	30/40	单相干式空心	≤55
66kV 低压并联电抗器	60	三相油浸式	≤75
35kV 低压并联电抗器	10/15	单相干式空心	≤55
35kV 低压并联电抗器	20	单相干式空心	≤57
35kV 低压并联电抗器	7.2/10/20/60	三相油浸式	≤75
20kV 低压并联电抗器	10	三相干式空心	≤59
10kV 低压并联电抗器	6	三相干式空心	≤56
10kV 低压并联电抗器	10	三相干式空心	≤59
10kV 低压并联电抗器	3.33	单相干式空心	<50

续表

电压等级及电抗器型式	容量（Mvar）	结构形式	声级限制［dB（A）］
10kV 低压串联电抗器	0.36	干式空心	51（1250）
	0.58	干式空心	52（1250）
	0.72	干式空心	53（1250）
	0.86	干式空心	54（1250）
	0.58	单相干式空心	52（2000）
	0.92	单相干式空心	55（2000）
	1.155	单相干式空心	55（2000）
	1.386	单相干式空心	57（2000）
	0.72	干式空心	53（2500）
	1.155	干式空心	55（2500）
	1.44	干式空心	57（2500）
	1.732	干式空心	59（2500）
	0.86	干式空心	54（3000）
	1.38	干式空心	57（3000）
	1.732	干式空心	59（3000）
	2.080	干式空心	60（3000）
	2.88	干式空心	65（3000）
	1.848	干式空心	57（4000）
	2.309	干式空心	59（4000）
	2.771	干式空心	60（4000）
	3.695	干式空心	65（4000）

1.3.2 评价体系

在物理学中，对于噪声的评价标准常用声压和声压级来描述，从人的主观感受出发，还应考虑噪声的频率、持续时间等，要将噪声客观属性同人的主观感受对应起来，就需要一套科学的评价标准。

1.3.2.1 基于A声级的评价方法

人耳对声音强弱的感觉，不仅同声压有关，而且同频率有关。例如，人耳听声压级为67dB、频率为100Hz的声音，与听60dB、1000Hz的声音主观感觉是一样响。因此，在噪声的主观评价中，有必要确定声音的客观量度同人的主观感觉之间的关系。科学家建立了响度和响度级的理论，并用实验的方法测出感觉一样响的声音的声压级和频率的关系，绘成一组曲线（称为等响曲线），如图1-6所示。曲线对应于1000Hz的声压级的分贝数，称为这条曲线响度级的Phon（方）数。

A计权网络模拟的是40Phon响度级的等响曲线的倒置曲线，A声级是各个频率的声级与通过A计权网络后得到的衰减量相加得到的值。A计权网络的频率响应与人耳的灵敏度一致，最贴近人耳的主观感受。

例如，现有一个声压级为100dB、频率为10Hz的声音，若要计算其A声级，首先在如图1-7所示A计权网络找到对应于10Hz的衰减量，查表可得衰减量为－70dB，然后将衰减量－70dB与此声音的声压级100dB相加，则此声音的A声级为30dB（A）。

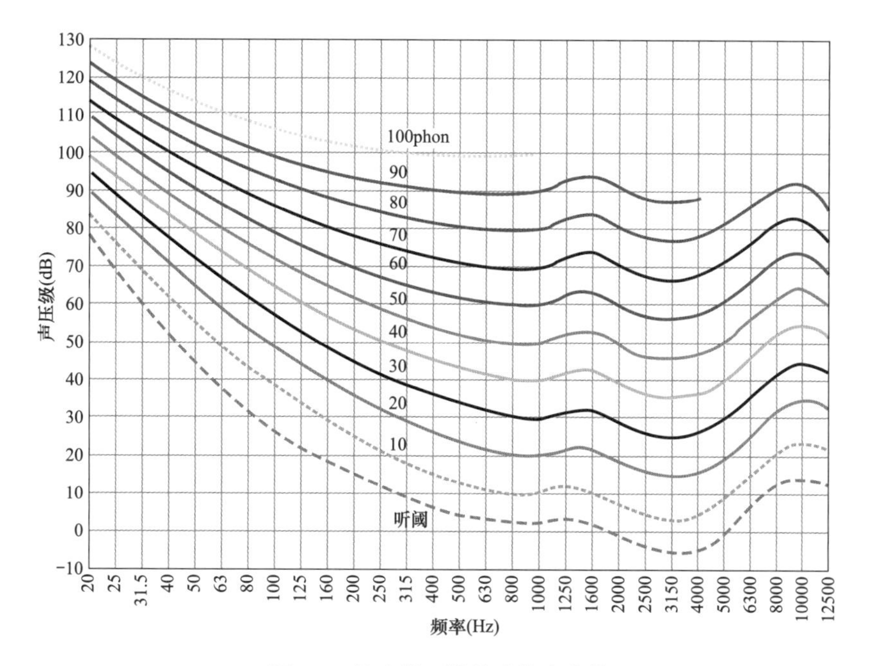

图 1-6 纯音的正常等响轮廓曲线

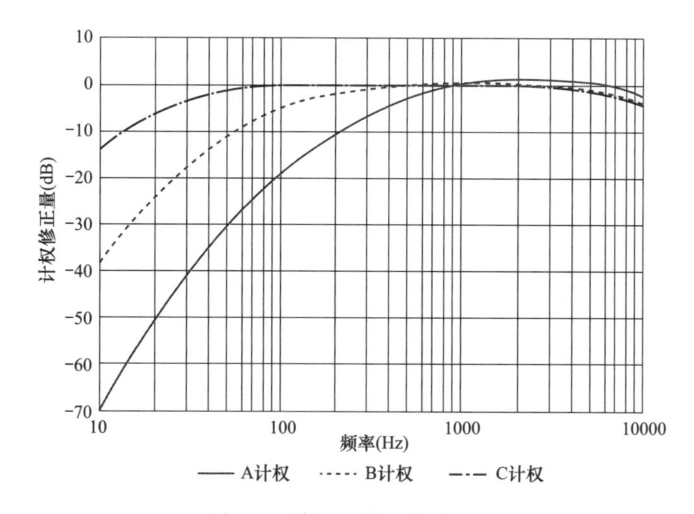

图 1-7 计权网络的衰减特性

除了噪声的频率以外，噪声的持续时间同样也是影响人主观感受的一个重要因素。例如：一个人在 80dB 的噪声中工作 2h，在 100dB 的噪声中工作 3h，另一个人在 90dB 的噪声中工作 5h，若要比较两人受到的影响，需引入等效连续 A 声级的概念。

根据能量平均的原则，把一个工作日内各段时间内不同水平的噪声经过计算用一个平均的 A 声级来表示，这一 A 声级即称为等效连续 A 计权声压级。可用下式表示：

$$L_{eq} = 10\lg \frac{1}{T}\int_{0}^{T} 10^{0.1L_A}\,dt \tag{1-1}$$

式中：L_{eq}为等效连续 A 计权声压级；T 为噪声暴露时间；L_A 为在 T 时间内，A 声级变化的瞬时值。

A 声级评价法主要基于人耳的听觉特性，其评价量对 500Hz 以下的声音有一定程度的衰减。A 声级评价法无法直观反映某一噪声的频谱特性，致使 A 声级在评价以 500Hz 以下声音占主导地位（如变电站噪声）的噪声时，其噪声评价量与人耳的主观感受不一致。

1.3.2.2　基于 NR 噪声评价曲线的评价方法

在噪声评价曲线方法上，国际标准化组织（ISO）推荐使用 *NR* 噪声评价曲线法，此方法在美国以外的地区均被广泛应用。我国目前所采用的 GB 22337—2008《社会生活环境噪声排放标准》主要用以评价室内噪声污染，尤其是配电房、变电站的结构噪声对室内居民的影响，其采用的评价量除 A 声级外，同时借鉴 *NR* 噪声评价曲线对室内 5 个倍频声压级提出了限值要求。

各倍频程声压级 L_p 与 *NR* 数的关系可以用下式表示：

$$L_p = a + bNR \tag{1-2}$$

式中：L_p 为噪声各倍频程的声压级；a、b 为与倍频声压级有关系的常数，取值见表 1-7。

表 1-7　　倍频程的 a、b 常数

倍频程中心频率（Hz）	63	125	250	500	1000	2000	4000	8000
a	35.5	22	12	4.8	0	−3.5	−6.1	−8.0
b	0.790	0.870	0.930	0.974	1.000	1.015	1.025	1.030

如果需要得到噪声评价数，可以将测得的倍频程声压级的频谱图同 *NR* 曲线簇放在一起，噪声各频带声压级的频谱折线最高点接触到的一条 *NR* 曲线即为该噪声评价数。

例如，现有一个声压级为 100dB、中心频率为 63Hz 的声音，在图 1-8 中可以看到它最高接触到的一条 *NR* 曲线为 80，那么就可以判断他的 *NR* 数为 80，根据表 1-7 查出该倍频程的 a、b 常数分别为 35.5 和 0.790，根据式（1-2）可以计算出其噪声倍频程的声压级 L_p 为 98.7dB。

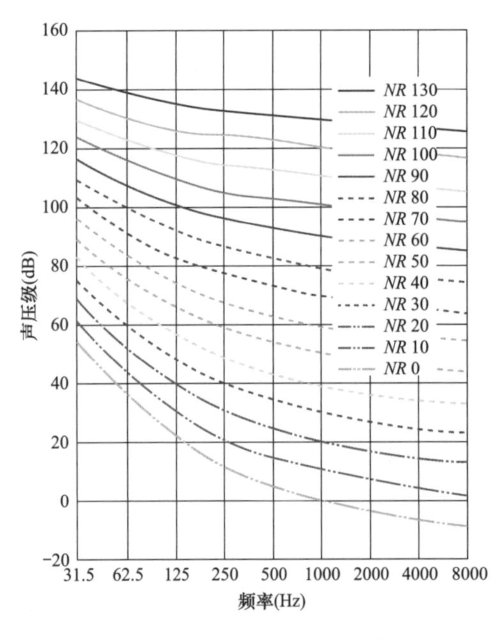

图 1-8　噪声评价数（*NR*）曲线

噪声评价数与 A 等级有很好的相关性，当 A 等级大于 55dB 时，A 等级与噪声评价数的关系可用式（1-3）表达：

$$L_A \approx NR + 5 \tag{1-3}$$

式中：L_A 为噪声声压级；*NR* 为噪声评价数。

在评价低频为主的声音时，*NR* 噪声评价曲线虽然比 A 声级评价法更科学，但仍然低估了低频噪声对人主观感受的影响，表现为噪声的客观评价与人的主观感受不一致。

1.3.2.3　基于主观烦恼度的评价方法

近年来，噪声的危害尤其是低频噪声的危害逐渐被人们所认识，噪声不但会干扰人们的睡眠和工作状态，而且会对人们的情绪、行为等心理学层面产生较大的影响。正是基于这种情况，一种从人的主观感知的角度出发，采用心理声学方法研究噪声特性的概念——主观烦恼度，在国内外开始被提出。

主观烦恼度有较好的代表性，可以定量反映噪声暴露者的噪声烦恼。主观烦恼度研究通常采用问卷调查、主观评价实验等方式，结合统计分析获取合适的评价术语。常用的主观评价方法包括评分法、排序法、语义细分法和成对比较法等，其中评分法在评价噪声烦恼度时，可以根据打分结果计算出平均烦恼度和高烦恼率，比较简便快捷。除主观评价方法外，主观烦恼度评价结果还受噪声样本、评价主体的影响，在实验中应合理选择噪声样本、评价主体以便得到较为准确的结果。

目前国内关于噪声人体主观烦恼度的研究多集中于对人们日常生活影响较大的汽车、家电等领域，在变电站噪声人体主观烦恼度的研究方面，国内外相关研究较少。

噪声基础知识

在输变电工程中，为了科学的对噪声进行控制和治理，需要清晰地了解噪声产生机理和传播特性。噪声是什么？它是怎样产生和传播的？怎样去度量它？它有哪些特性等，这些问题都涉及噪声的基础性理论知识。

2.1 噪声的产生与传播

2.1.1 噪声与声波

发声体的振动在空气或其他物质中的传播叫作声波。噪声常定义为物理上不规则、间歇或随机的声波，或者指心理上任何难听的、不和谐的、妨碍人正常休息、学习和工作的以及对人们所关注的声音起干扰作用的声波。噪声的波形图。如图 2-1 所示。

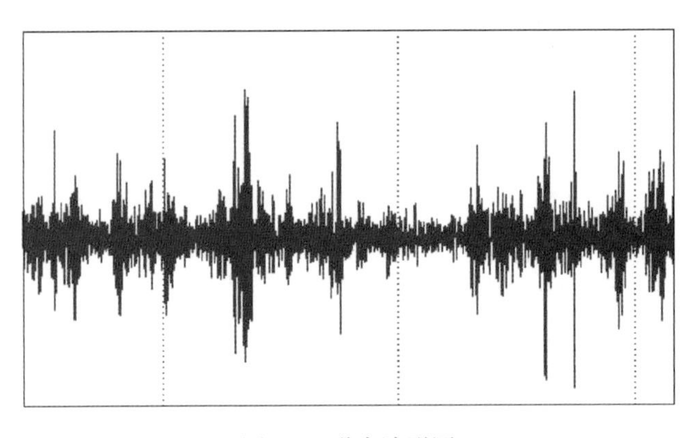

图 2-1 噪声波形图

人类身处于一个充满噪声的环境中，如图 2-2 所示，噪声可能是由自然现象产生，也可能是由人们活动形成。当声音超过人们生活和社会活动所允许的程度时就成为噪声污染。声波频率范围在 $20\sim2\times10^4$ Hz 时，人耳能够感知的声音为可听声，是噪声控制的主要频率范围。

因为噪声完全具有声音的属性，除了人们的主观生理感觉因素外，它的发声、传播与接收等一系列物理过程完全遵循声波的规律。因此，人们要对噪声进行治理或加以控制，必须要先认识和掌握声音传播的特性及其规律，才能充分掌握和运用控制噪声的“武器”。

图 2-2　不同噪声来源

2.1.2　声音的产生

声音是由声源的机械振动而产生。如图 2-3 所示，敲鼓时纸屑上下跳动、发声的音叉溅起水花，都是振动产生的现象，同时伴随着声音的产生。生活中的各种声音都由机械振动产生，当振动停止时，声音就随之消失。如用手按在振动的锣面上，其声音也就减小消失了。

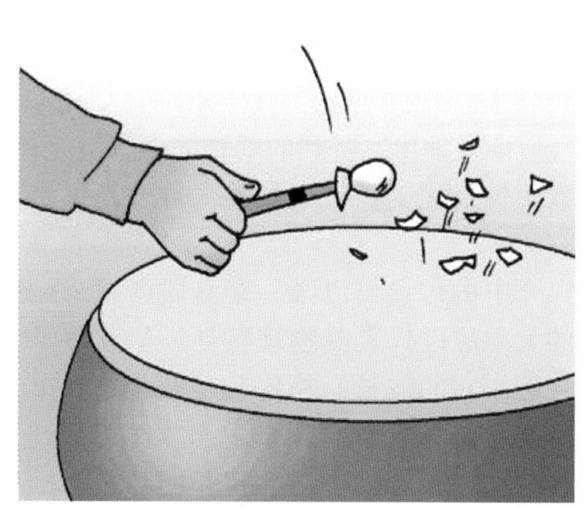

图 2-3　声音的振动

物理学中把发出声音的物体称为声源。人说话时，声带是声源；人听到鼓声时，鼓皮是声源；敲击音叉发出声音时，音叉是声源。气体、固体、液体都可以作为声源，如图 2-4 所示。

(a) 风声

(b) 雨声

(c) 读书声

图 2-4　不同物理状态的声源

2.1.3　声音的传播

2.1.3.1　声音的传播条件

声音的传播需要介质，声音不仅可以在空气中传播，也可以在水、钢铁等液体或固体中传播，因此，各种固体、液体、气体等有弹性的物质都可以作传播声音的介质，如图 2-5 所示。人与人之间交谈时空气充当介质；医生利用听诊器来检查患者的心跳声，是以金属固体充当介质；渔民利用电子发声器捕鱼，是以海水充当介质，等等。

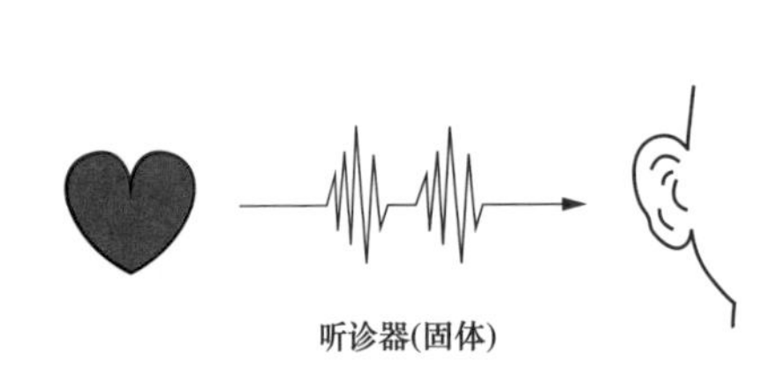

图 2-5　声音在介质中的传播

声音只能在充满介质的空间中进行传播，在没有物质的真空中声音无法传播。曾经有人做过这样一个实验，把闹钟放在真空罩中，如图 2-6 所示，随着空气逐渐被抽出，听到的闹钟的声音越来越小，直到无法听到闹钟发出的声音，虽然闹钟还是保持着先前的振动状态。

图 2-6　真空罩中闹钟

声音在媒介中的传播可以某一个介质微粒为例进行说明，微粒的大小足以代表其物理特性，但与声学干扰的典型尺寸（例如它的波长）相比又足够小。如果这样的粒子偏离平衡位置，它会受到介质弹性作用而处于恢复平衡位置的趋势，同时撞击与它相邻的粒子，推动粒子偏移平衡位置，相邻的粒子会撞击下一个粒子。依此类推，通过介质中相邻弹性粒子的连续振荡传播扰动。如图 2-7 所示，这些粒子在其平衡位置沿着声波传播方向仅振荡一个无限小的距离。这些粒子不会随声波一起传播，它只是以波的形式向外传递干扰能量。

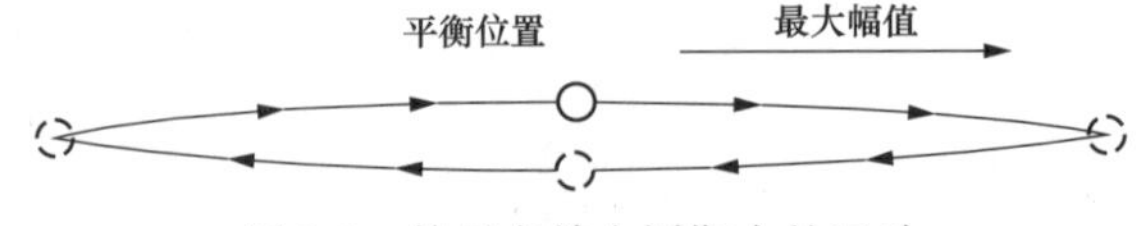

图 2-7　粒子在单个周期内的运动

在微粒的相互作用下，振动物体周围的介质就会出现压缩和膨胀的过程，使得声音在传播时形成疏密相间的波动，就像我们向平静的湖面扔一块石头激起的水波一样，在物理学上把这种波叫声波。声音是以声波的形式向外传播。水波是一种横波（见图 2-8），其质点的振动方向与声传播方向垂直；声波是纵波（见图 2-9），其质点的振动方向与声传播方向一致。

图 2-8　水波——横波

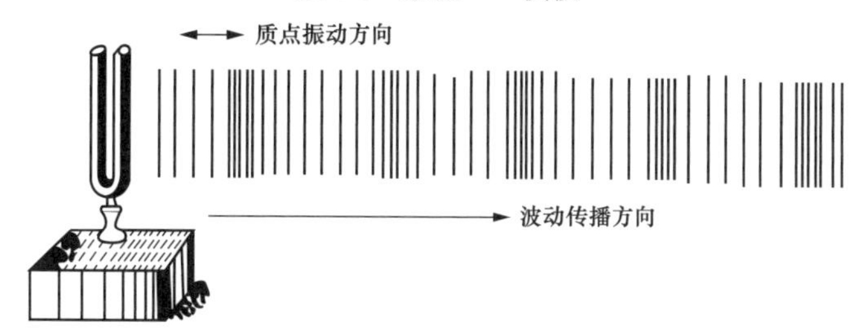

图 2-9　声波——纵波

以图示 2-10 为例对声音的传播进行详细解释，当敲打音叉之后，音叉发生振动，振动中的音叉在其平衡位置会来回推撞周围空气，从而使得空气分子产生密部和疏部的变化，使得空气的压力时高时低。

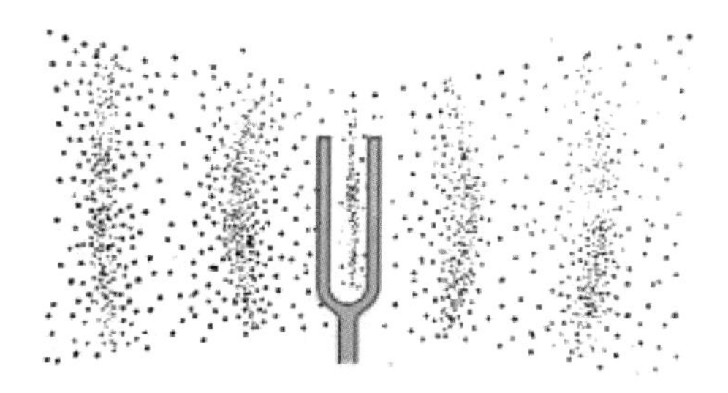

图 2-10　音叉振动时周围空气发生疏密变化

如图 2-11 所示，音叉向外振动，使得相邻的空气形成密部；接着音叉向内到平衡位置，密部继续往外传送；然后音叉向内收缩，密部继续往外传送，但是音叉外侧形成疏部。也就是说，音叉的振动使周围空气层产生疏密变化，由近而远地传播，这就是声音的传播现象。

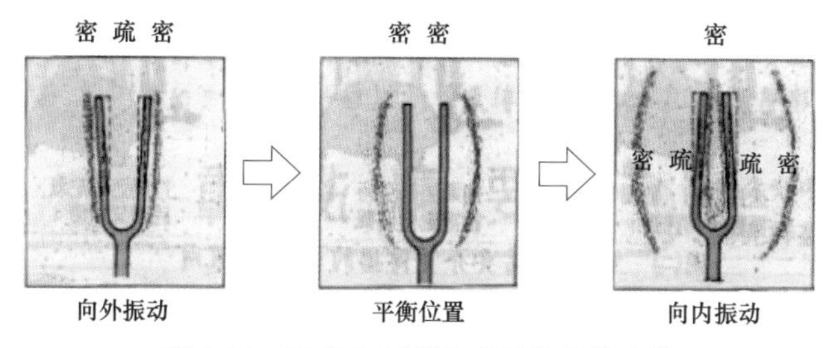

图 2-11　疏密空气层随音叉状态的变化

声音的传播需要时间，声音的传播速度称为声速，声速则取决于介质的弹性和密度，而与声源类型无关。声速由下式计算得出：

$$c = k\sqrt{\frac{E}{\rho}} \tag{2-1}$$

式中：k 为常数；E 为介质的弹性模量；ρ 为介质的密度。

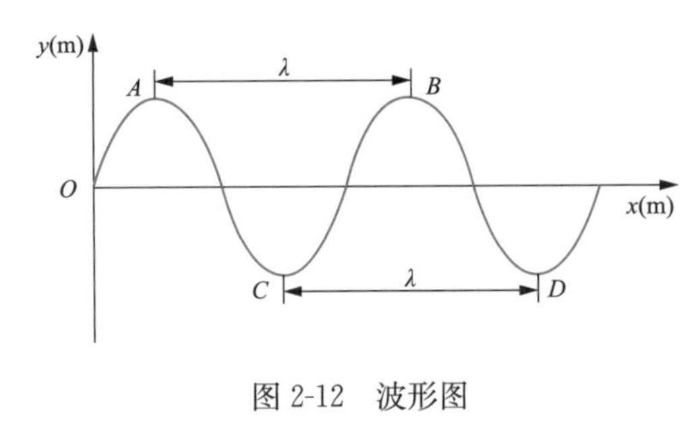

图 2-12　波形图

利用振动传递时微观介质微粒的运动以及宏观上密部和疏部之间的位置关系可以画出如图 2-12 所示波形图，以声源为起始点，介质粒子的位置以 x 表示，介质粒子偏移平衡位置的大小用 y 表示，声波两个相邻密部（或疏部）之间的距离称为波长 λ，即声源振动一次时声波传播的距离。传递一个波长所需的时间称为周期 T，即声源振动一次时声波传播需要的时间。

波长、声速和频率三者之间的关系为：

$$\lambda = \frac{c}{f} \tag{2-2}$$

式中：c 为声速；f 为频率。

利用式（2-2）可以得到波长与频率之间的关系：在声速不变的条件下，频率越高，波长越短。为了更加清晰直观地看出波长与频率之间的关系，可以将波长与频率关联起来，得到如图 2-13 所示参考图，图中随着频率的增加，波长变短，同时验证了式（2-2）的正确性。

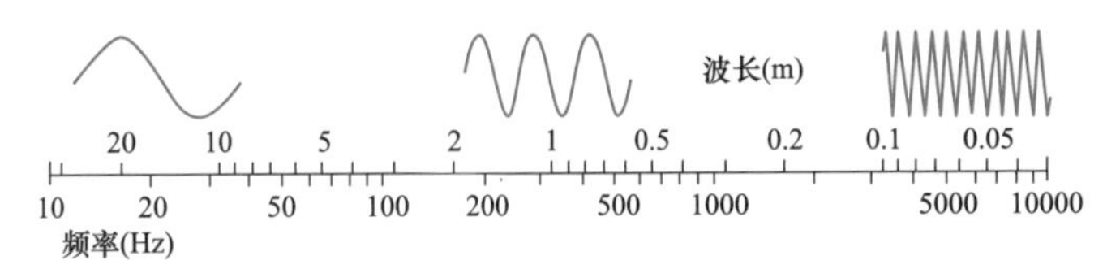

图 2-13　声波波长与频率的关系图

声波在不同介质中的传播速度不同，常见介质中的声速见表 2-1。一般情况下，声波在固体中的传播速度最大，其次是液体，在气体中传播速度最小。介质的温度也对声速有一定的影响。

表 2-1　**常见介质中的声速**　m/s

媒质	声速	媒质	声速
铝	5100	水银（20℃）	1450
铜	3700	甘油（20℃）	1980
钢	5050	空气（0℃）	331.45
玻璃	5200	空气（20℃）	343
木材	3300	氧气（0℃）	317
淡水（20℃）	1481	氢气（0℃）	1270
海水（13℃）	1500	二氧化碳（0℃）	258

按声波传播时波阵面的形式对声波进行分类，声波可分为平面波、球面波和柱面波三种，其传播形式如图 2-14 所示。

2.1.3.2　风对声音传播的影响

大气不像理想的介质那样是静止的和均匀的，由于空气具有黏性，地面分子的速度为零，并且在地面附近形成边界层，风速随高度逐渐增加，直到达到主空气质量的速度。该区域可能达几百米厚，因此它可以影响大多数噪声源的测量。当声波经过风速不同的空气层时，波的传播方向会发生变化。

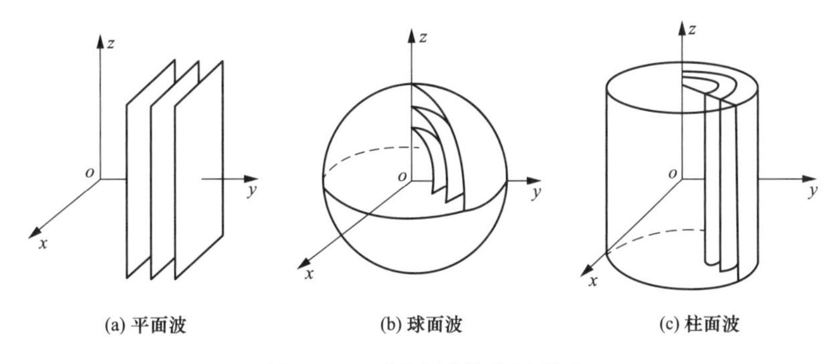

图 2-14　不同声波的传播形式

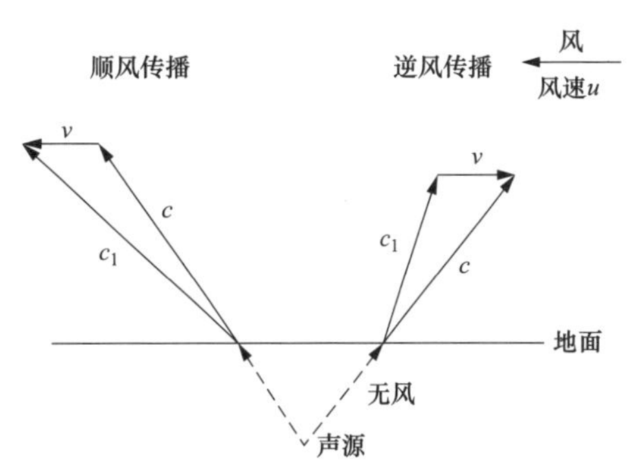

图 2-15　声音在顺风、逆风时的传播

c—原始声波的声速；c_1—声波在移动层的声速

有风时，实际的声速是平均声速与风速之和。平均声速的方向一般与风速的方向不同，所以不能简单地相加，而需像力的合成一样几何相加。如图 2-15 所示，顺风时，风速与平均声速方向相同，合成声速比平均声速快；逆风时，风速与平均声速方向相反，合成声速比平均声速慢。就地面上静止的观察者而言，整体效果是将顺风声线向地球弯曲并将逆风射线远离地球弯曲。

图 2-16 描述了风对点声源发出的球面声波的影响。没有风作用时，声线是从声源发射出去的直线，波阵面是一组同心球面。有风作用时，声线好像被吹弯了一样。顺风时，高空声速比靠近地面处高，声线向着声速较低的地面弯曲；逆风的一面，高空声速比地面附近低，声线向着声速较低的地面高空弯曲，并且在其逆风侧产生声影区，即强度降低的区域。

2.1.3.3　温度梯度对声音传播的影响

在正常大气中，温度本身随着高度的增加而减小，空气中的声速随着温度的增加而增加，如图 2-17 中曲线 a 所示。因此，在没有风的情况下，在地面的声源发出的声音在向上运动时，随着高度的增加，温度逐渐降低，上升的声线的传播速度会降低并且不断地远离地面，在距离声源一定距离处开始形成阴影区域，阴影区域的面积大小取决于声源温度梯度的强度。与风速梯度一样，温度梯度的影响因其正常状态下大气的不均匀性而变得不那么明显，湍流和局部热交换将声分散到阴影区域中去。

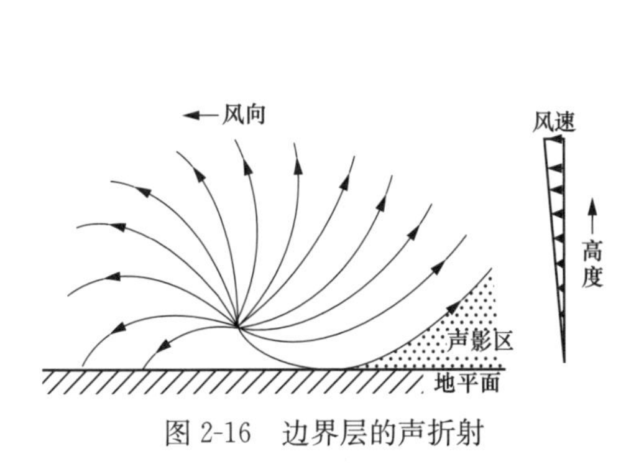

图 2-16　边界层的声折射

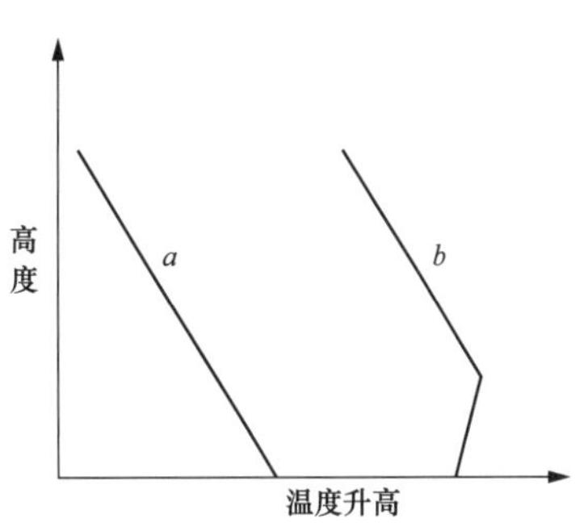

图 2-17　典型的大气温度梯度

a—正常失效率；b—倒置失效率

有时候地面附近的温度梯度是正的，即温度随着高度的增加而增加，直到恢复到正常的失效率的程度，如图 2-17 中曲线 b 所示。这种情况称为温度反转，并导致与上述正常失效率相反的效果。因此，当声线穿过较暖的空气层时还会向下折射向地面，加强声源周围表面水平的声场，如图 2-18 所示，不会形成阴影区域。

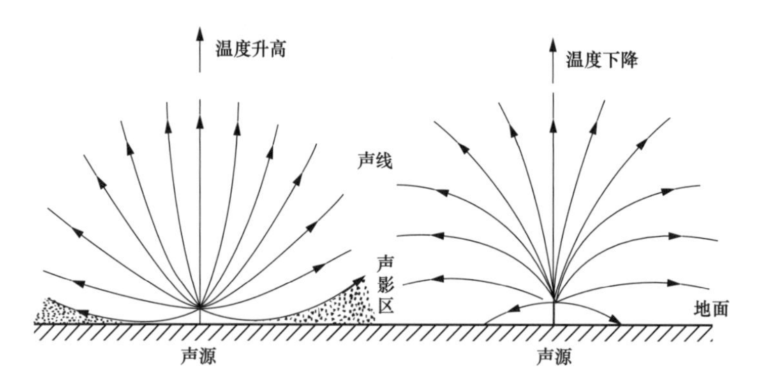

图 2-18　大气中的声音折射

2.2　声的反射、折射和衍射

声波在空间传播时会遇到各种障碍物，或者遇到两种媒质的界面。这时，依据障碍物的形状大小以及媒质的性质，会产生声波的反射、折射与衍射等现象，如图 2-19 所示。声波的这些特性与光波十分相似。

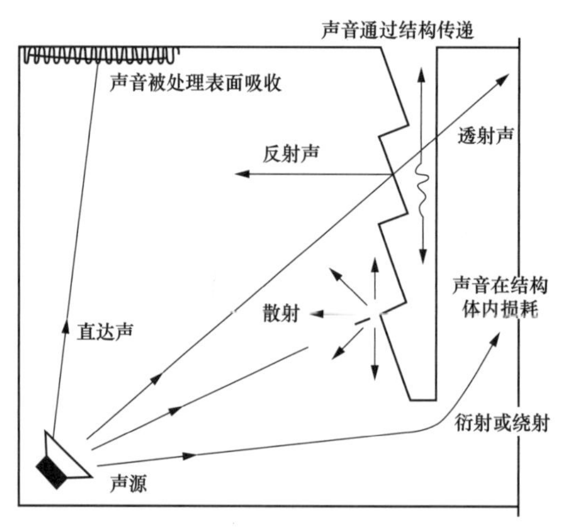

图 2-19　声波在室内的传播状态

2.2.1　声波的反射

声波的反射是指当声波从一种介质入射到声学特性不同的另一种介质时，在两种介质的分界面处将发生反射，使入射声波的一部分能量返回第一种介质的现象。当声波波长比障碍物小得多时，在障碍物的正面就产生明显的声反射，障碍物壁面越坚硬，反射声强越大。

声波反射定律和光的相同，如图 2-20 所示，入射线、反射线和界面的法线在同一平面内；入射线与反射线分别在法线的两侧；入射线与法线的夹角（入射角）等于反射线与法线的夹角（反射角）。

在声场中，从曲面、平行平面和角落表面的反射如图 2-21 所示。如果反射表面是弯曲的，那么当表面是凹面时光线将聚焦，而凸面时则散射。进入直角的光线将在两次反射后沿着与其进入的路径不同但平行的路径返回。平行表面会产生两个重要影响：①会形成驻波，其发生频率使得在两个表面之间出现整数倍的半波长，导致从节点到波腹的声压有非常大的变化；②会产生颤动回波，是由具有低吸收率的平行表面的脉冲的连续和规则反射引起的。这些现象在建筑声学（音乐厅，演讲室等）和声学测试室中是不希望的，在声学测试室中通常需要声场的均匀性。

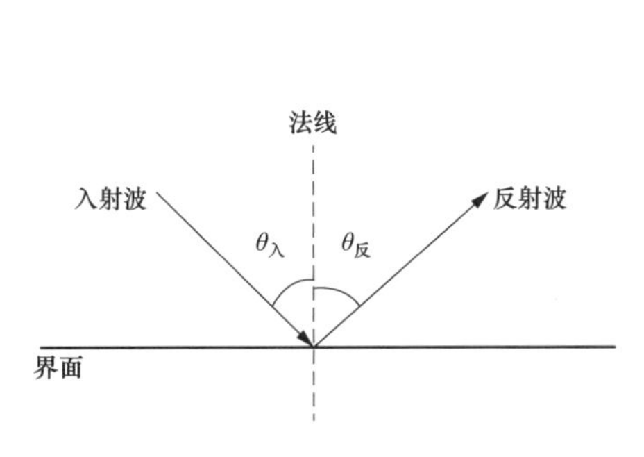

图 2-20　声波反射原理图

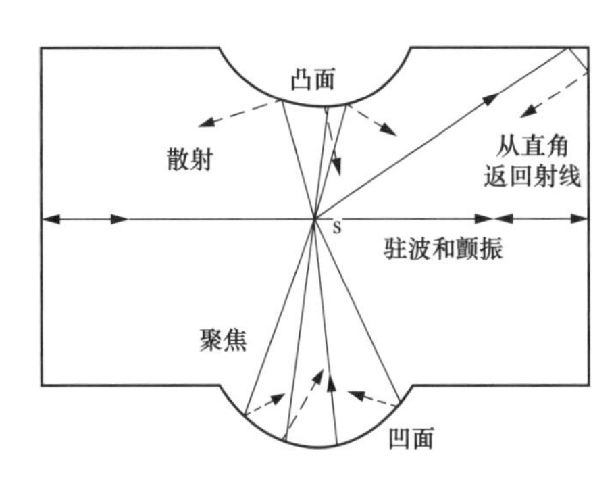

图 2-21　从各种形状的表面反射

声波在发生反射现象时，反射回来的声音称为回声。回声与原声相隔 0.1s 以上才能被听者察觉其存在。在生活中常利用反射时声呐发出声音和接受时间的时间差，来测出物体的位置和海底的深度，如图 2-22 所示；工业上通过测量回声的时间进行无破坏性检测，可测得不透明材料内部缺陷的大致位置与形状等。

(a) 利用声呐探测海深

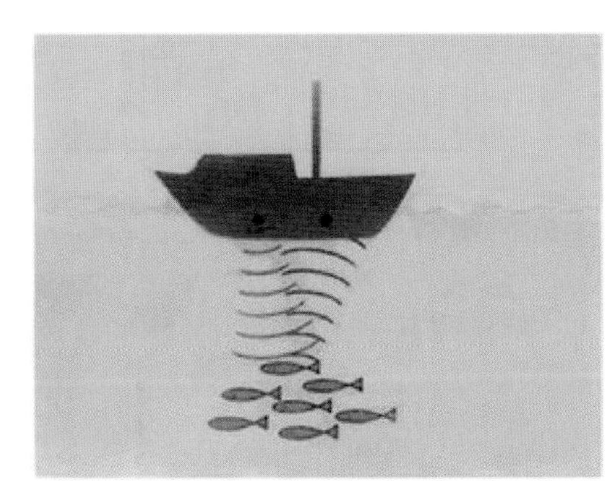

(b) 利用声呐探测鱼群

图 2-22　声呐的应用

但有时也要避免回声带来的干扰，如在音乐厅常使用吸音效果较好的材料建造来避回声的干扰。

2.2.2　声波的折射

声波的折射是指波从一种介质进入另一种介质时，波的传播方向发生改变的现象。

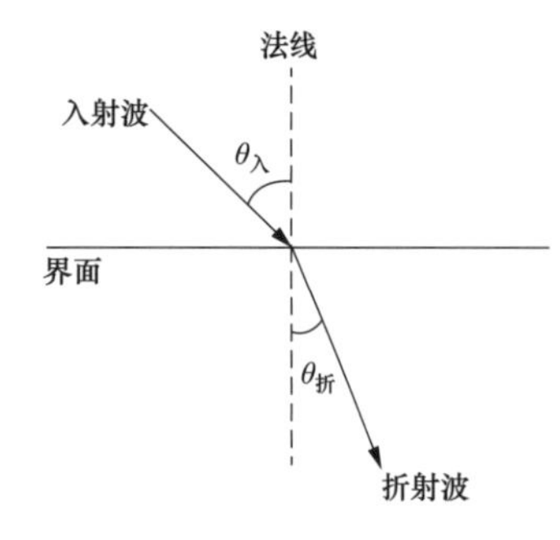

图 2-23　声波折射原理图

插入水中的筷子看起来好像在水面以下发生弯折的现象就是光的折射引起的，声波也具有相同的特性。声波在发生折射时，入射线、反射线和界面的法线在同一平面内，如图 2-23 所示。声波的折射是由不同介质的声速决定的。入射角与折射角的正弦比等于波在两介质中的传播速度之比。

当声波以一定角度到达界面时，将声波发生反射与折射的一些参考量进行比较，可以总结出如表 2-2 所示的规律。

表 2-2　　声波反射与折射的对比表

表征声波的量	声波的反射	声波的折射
传播方向	改变 $\theta_反=\theta_入$	改变 $\theta_折\neq\theta_入$
频率 f	不变	不变
波速 v	不变	改变
波长 λ	不变	改变

2.2.3　声波的衍射

当声波在介质中传播时遇到障碍物，能绕过障碍物的边缘，在障碍物的阴影区继续传播的现象称为声波的绕射，也称衍射，如图 2-24 所示。

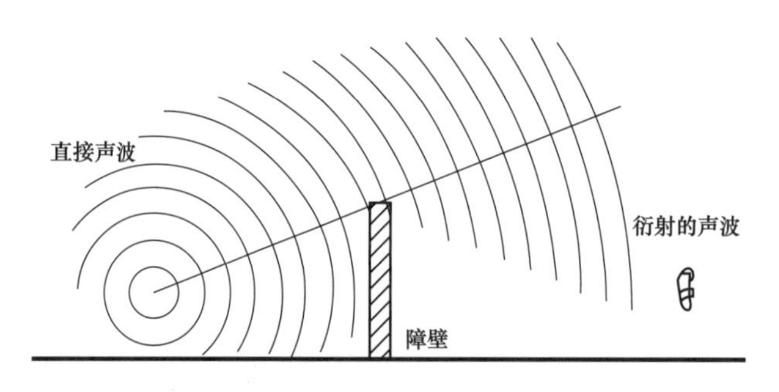

图 2-24　声波的衍射

声波衍射与声波波长和障碍物的大小有关。如图 2-25 所示，当声波波长比障碍物几何尺寸小很多时，障碍物后形成非常明显的低声压区，这个区域称为声影区。

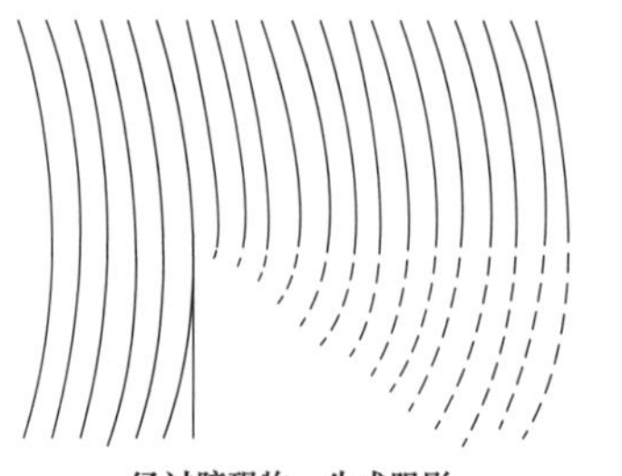

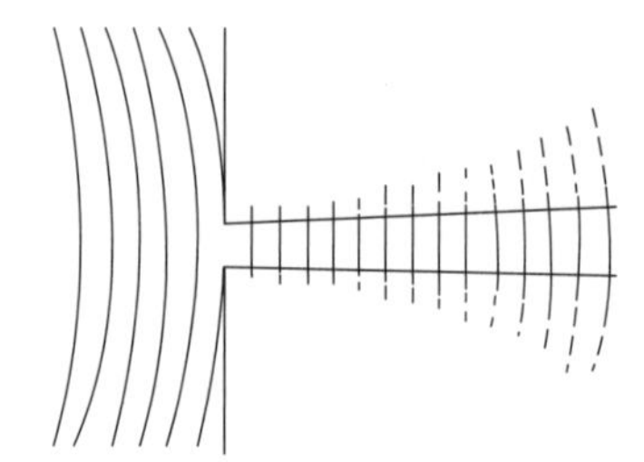

图 2-25　阴影区的形成

如图 2-26 所示，当声波波长比障碍物大很多时，声波会绕过物体表面；当声波波长与障碍物大小相当时，声波会有一部分产生衍射，而另一部分被阻挡形成反射波；当声波波长比障碍物小很多时，基本被障碍物挡住。

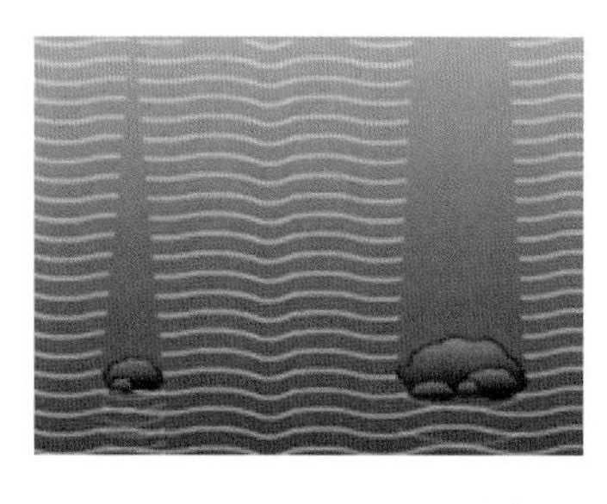
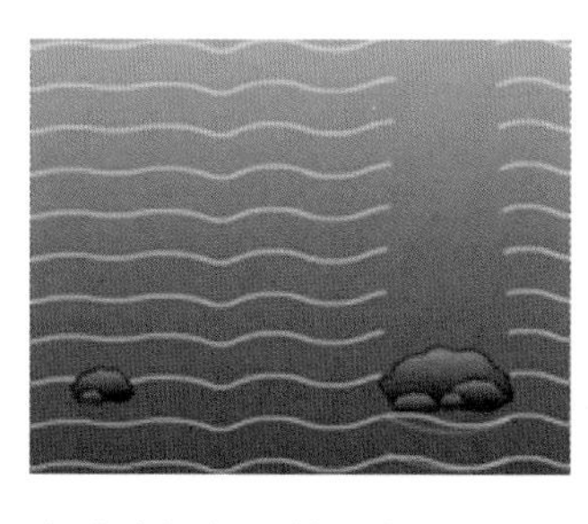
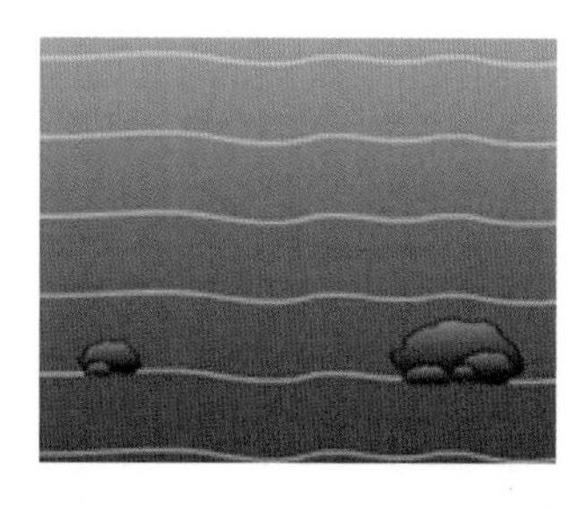

图 2-26　声波波长与衍射面大小对衍射的影响

结构中的各种孔隙对声波的衍射也有影响，如图 2-27 所示，其宽度与声波波长相当时，或者比波长更小时，能观察到明显的衍射现象。但孔隙的尺寸过小，由于衍射到后方的能量较弱，故衍射现象不明显。一切波都能发生衍射，衍射是波的特有现象。

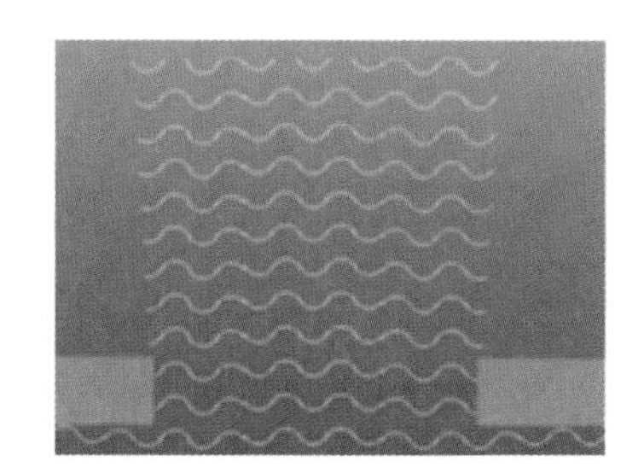
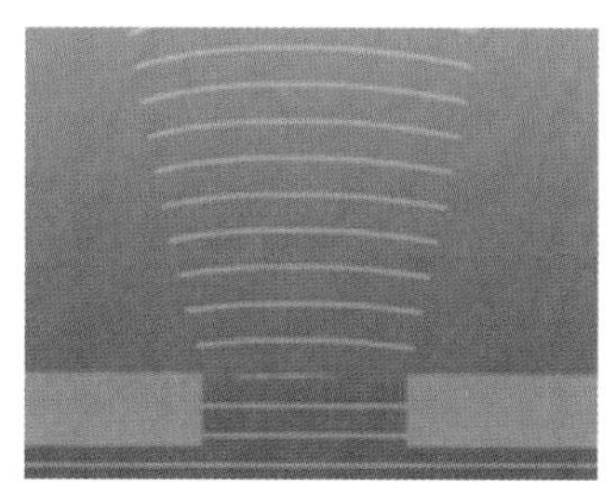
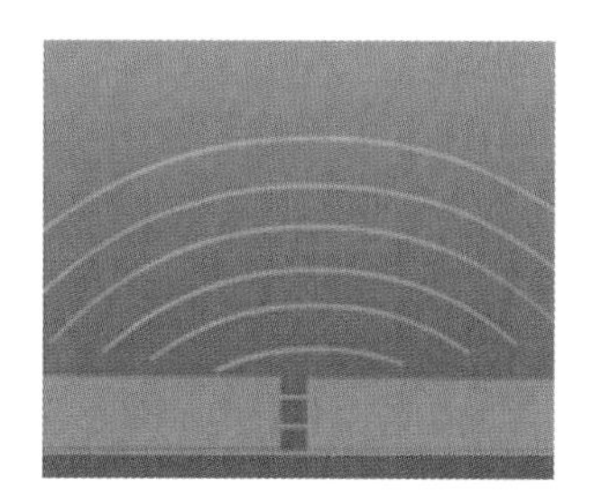

图 2-27　声波波长与缝、孔大小对衍射的影响

在变电站的建造中所设计的各种通风孔和窗，就需要考虑通过这些区域的声衍射对厂界声压级的影响；而通过声屏障的方式进行噪声治理时，也需要考虑声屏障的边界衍射效应对治理效果的影响。

2.3　自由场和压力场

当声源向周围介质产生声波时，介质中有声波存在的区域称为声场。由于声波传播过程的特点以及产生的现象不同，声场也有不同的分类。自由场和压力场是两种比较典型的声场。

2.3.1　自由场

自由声场是指均匀各向同性的媒质中，边界影响反射可忽略时的声场。在自由声场中，声波将声源的特性向各个方向不受阻碍和干扰地传播。

如图 2-28 所示的空间，四周敷设有吸声性能极好的吸声材料，边界不会发生声反射现象，内部空间就是一个自由场。在自由场中声波在任何方向无反射，声场中各点接受的

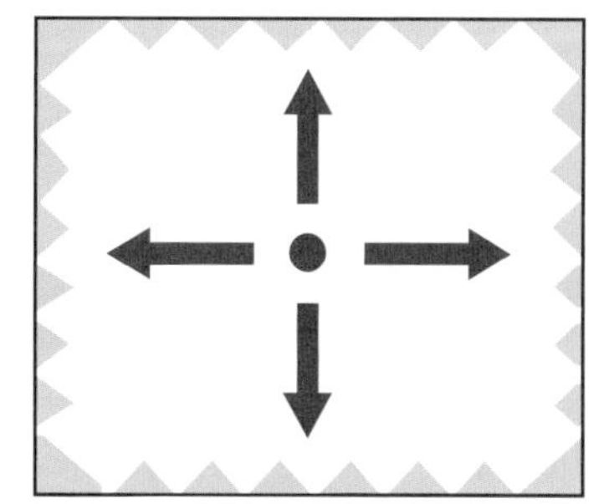

图 2-28　自由场示意图

声音，仅有来自声源的直达声而无反射声。在实际的测试环境下，开阔的旷野，周围较大的范围内无反射物，可以近似为自由场。

理想的自由声场很难获得，人们只能获得满足一定测量误差要求的近似的自由场。例如声学研究中人工建造的消声室，如图 2-29 所示，房间四周布满吸声系数接近 1 的吸声材料，边界有效地吸收了入射声波，反射对声场的影响基本上可以忽略，所以在一定的频率范围内，这种房间中的声场基本上可以认为是自由场。这种消声室在准确测量声源声功率、材料吸声系数等噪声控制技术研究中经常用到。

图 2-29　消声室

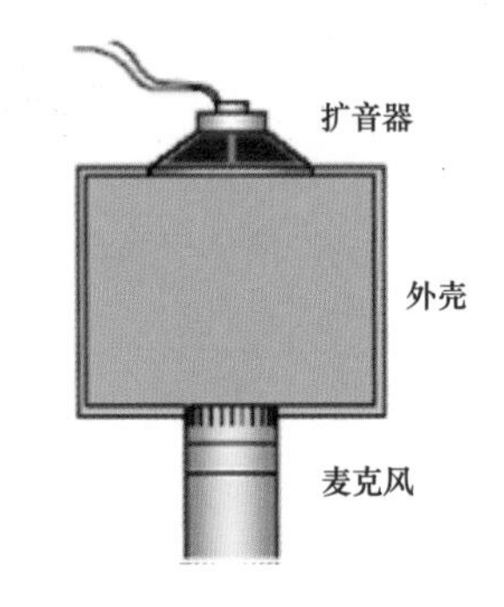

图 2-30　声学传感器校准器压力场示意图

2.3.2　压力场

当声波波长比所处腔体空间大时，声压压力分布均匀，此时成为压力场如图 2-30 所示。压力场适用范围为小腔内，如人工耳、物体表面声压等。当传声器插入声压级校准器中时，即是压力场，传声器本身的存在不对声场产生影响，膜接收的声压就是传声器输出的声压。

典型的压力场就是狭小的封闭空间，常见的就是校准器、耦合腔和人工耳等。

2.4　声　的　度　量

声音经传播被人耳听到，有的调子低沉、有的调子尖锐、有的响亮、有的轻微、有的和谐、有的嘈杂，应该如何衡量呢？声的度量就是描述声音的客观的基本物理量。

2.4.1　声压、声强与声功率

2.4.1.1　声压

声场中单位面积上由声波引起的压力增量，称为声压。

声音在介质中以波动方式传播，在空气中没有声波时，空气中的压强即为大气压；当有声波时，空气中就有起伏扰动，使原来大气压上叠加一个变化的压强。声压就是指介质中的压强相对于无声波时的压强改变量，如图 2-31 所示。

声压用 P 表示，其单位为 Pa。声压只有大小没有方向。人耳刚能听到的声压为 2×10^{-5} Pa，称为听阈声压；人耳产生不适、痛觉的声音是 20Pa，称为痛阈声压。

声音在传播过程中，声压实际上随着时间变化，人耳感受到的实际效果只是迅速变化的声压在某一时间段平均的结果，称为有效声压，如图 2-32 所示。

2.4.1.2　声强

单位时间内通过垂直声波传播方向的单位面积上的声音的能量，称为声强，如图 2-33 所示。

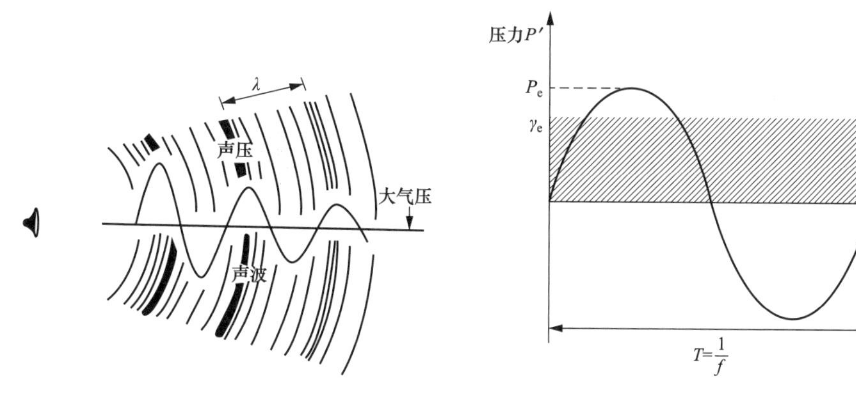

图 2-31　声压示意图

图 2-32　有效声压

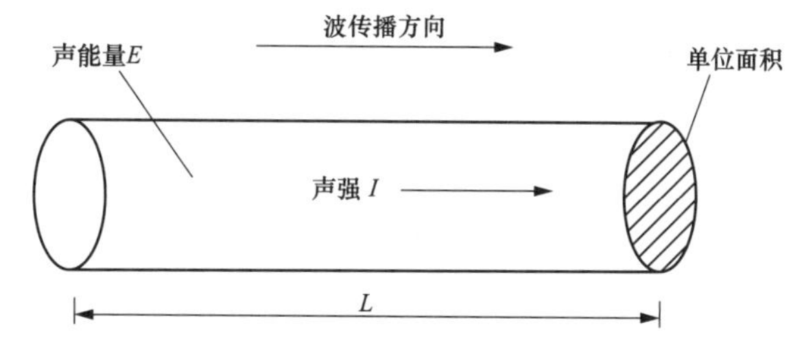

图 2-33　声强示意图

声强用 I 表示，单位为 W/m^2。声强的大小和离声源的距离有关，这是因为声源每秒内发出的声能量是一定的，离声源的距离越远，声能量分布的面积越大，通过单位面积的声能量就越小，即声强越小。

在自由声场中，声压与声强有密切的关系，即：

$$I=\frac{P^2}{\rho_0 c} \tag{2-3}$$

式中：P 为有效声压，Pa；I 为声强，W/m^2；ρ_0 为空气密度，kg/m^3；c 为空气速度，m/s。

从式（2-3）可以看出，声强和声压的平方成正比，因此测量出声压，即可求出声强。

2.4.1.3　*声功率*

声源在单位时间内发出的总能量称为声功率，通常用 W 表示，单位为 W，1W=1N·m/s。

在自由声场中，声波为球面波时，声功率与声强有下列关系：

$$I\approx\frac{W}{4\pi r^2} \tag{2-4}$$

式中：W 为声源的声功率，W；I 为离声源 r 处的声强，W/m^2。

从式（2-4）可以看出，球面波的声强与距离平方成反比，如图 2-34 所示。

声功率是表示声源特性的物理量，是单位时间内声源发射出来的总能量。不同声源的声功率会有很大的不同，如大型宇宙火箭发射的声功率约为 4×10^7 W，轻声耳语的声功率只有 10^{-9}，二者相差 4×10^{16} 倍。

2.4.1.4　分贝

人们在日常生活中遇到的声音若以声压值、声强值或声功率值表示，由于值的变化范围非常大，因此不便于使用。同时由于人体听觉对声信号强弱刺激的反应不是线性的，而是成对数比例关系的，因此采用对数方式——分贝来表达声学量值最为合适。

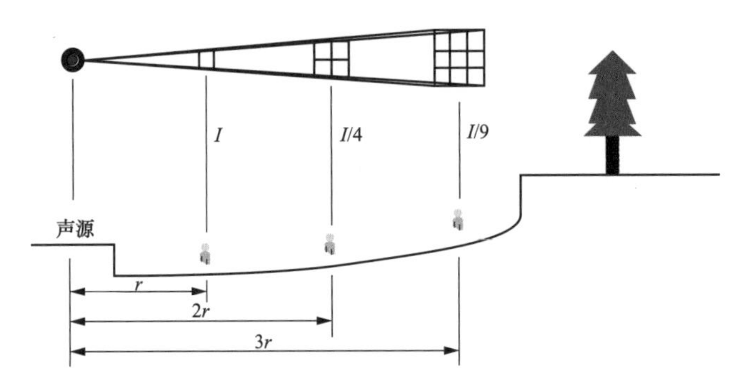

图 2-34 球面波的声强与距离平方成反比

分贝是指两个相同的物理量（例 A_1 和 A_0）之比取以 10 为底的对数并乘以 20，即

$$N = 20\lg\frac{A_1}{A_0} \tag{2-5}$$

式中：A_0 为基准量（或参考量）；A_1 为被量度量。

分贝的符号为 dB，它是无量纲的，在噪声测量中是很重要的参量。被计算量和基准量之比取对数，这个对数值称为被计算量的级，亦即用对数标度时，所得到的是比值，它代表被计算量比基准值高出多少级。

2.4.2 声压级、声强级与声功率级

2.4.2.1 声压级

从听阈到痛阈，声压的绝对值相差 100 万倍。显然，用声压的绝对值表示声音的大小在使用时非常不方便。为了便于应用，根据人耳对声音强弱变化响应的特性，用声压级来度量声压。声压级的单位是分贝，记做 dB。

声压级的定义是测试声压与基准声压（声压 2×10^{-5}Pa）之比的常用对数值再乘以 20，声压级用符号 SPL 表示，用数学式表达为：

$$SPL = 20\lg\frac{P}{P_0} \tag{2-6}$$

式中：SPL 为声压级；P 为测试声压；P_0 为基准声压（取 2×10^{-5}Pa）。

因此，根据人耳的听阈声压 2×10^{-5}Pa 和痛阈声压 20Pa，可以计算得出人耳的听觉声压级范围为 0～120dB，如图 2-35 所示。

利用声压级代替声压的好处是把人耳的听阈声压 2×10^{-5}Pa 和痛阈声压 20Pa 由差值为数百万倍的范围压缩为 0～120dB 范围，在计算上用小的数字来代替大的数字，这样更方便使用和更容易交流。图 2-36 和表 2-3 给出了不同环境下的声压和与之相对应的声压级。

用声压级的差值来表示声压的变化，这也与人耳判断声音强度的变化大致。声压变化 1.4 倍，就等于声压级变化 3dB，这种声音强度的变化人耳刚刚可以分辨；又如声压变化 3.16 倍，声压级变化 10dB，人耳感觉到响度约增加 1 倍；如果使声压提高或降低 10 倍，声压级将有 20dB 的变化，这对人耳听觉来说响度变化是很大的。噪声声压级变化的主观感受见表 2-4。

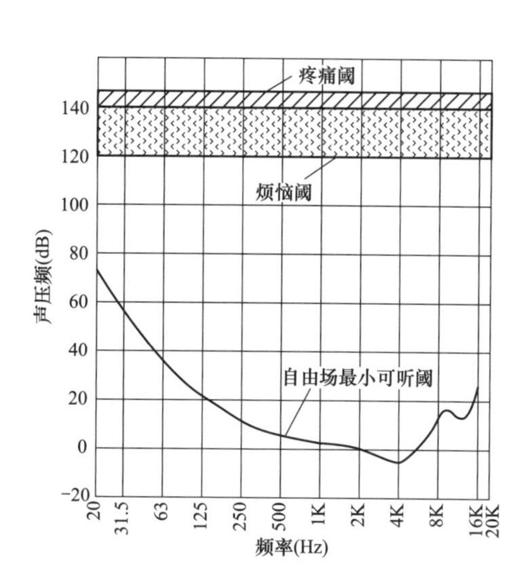

图 2-35　人耳的听觉范围图

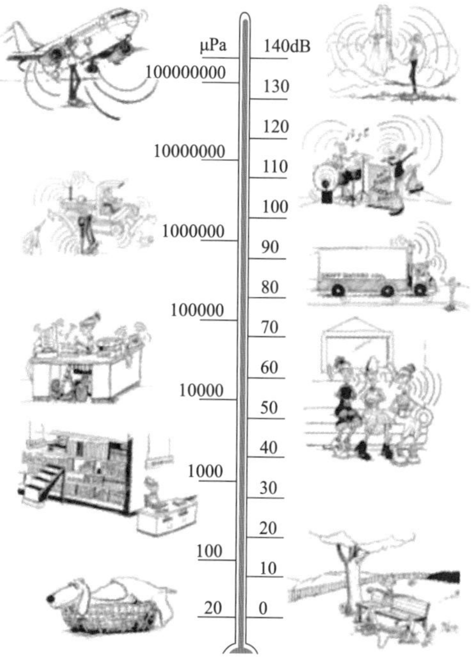

图 2-36　声压和声压级的对应关系

表 2-3　　不同环境下的声压和声压级

环境	声压（N/m²）	声压级（dB）
喷气飞机附近	630	150
喷气飞机附近	200	140
开坯锤锻，铆钉枪	63	130
大型球磨机	20	120
大型鼓风机附近	6.3	110
纺织车间	2.0	100
普通风机附近	0.63	90
公共汽车上	0.20	80
繁华街道	0.063	70
普通说话	0.020	60
微电机附近	0.0063	50
安静房间	0.0020	40
轻声耳语	0.00063	30
树叶落下的沙沙声	0.00020	20
农村静夜	0.000063	10
刚刚可以听到的声音	0.000020	0

表 2-4　　噪声声压级变化的主观影响

声压级变化（dB）	主观感受
3	刚刚感觉到
5	清楚感觉到
10	响度增加 1 倍
29	响度变化很大

2.4.2.2　声强级

声强级用符号 SIL 表示：

$$L_I = 10\lg\frac{I}{I_0} \tag{2-7}$$

式中：L_I 为声强级，dB；I 为声强，W/m²；I_0 为基准声强，取 10^{-12} W/m²。

2.4.2.3　声功率级

声功率用符号 SWL 表示：

$$L_W = 10\lg\frac{W}{W_0} \tag{2-8}$$

式中：L_W 为声功率级，dB；W 为声功率，W；W_0 为基准声功率，取 10^{-12} W。

声功率和声功率级的换算关系可用图 2-37 来表示。

将所有声压、声强和声功率换算为声压级、声强级和声功率级时，可按图 2-38 进行查找换算。例如：当声压为 20Pa 时，声压级为 120dB；当声强为 1W/m² 时，声强级为 120dB；当声功率为 1N·m/s 时，声功率级为 1dB。

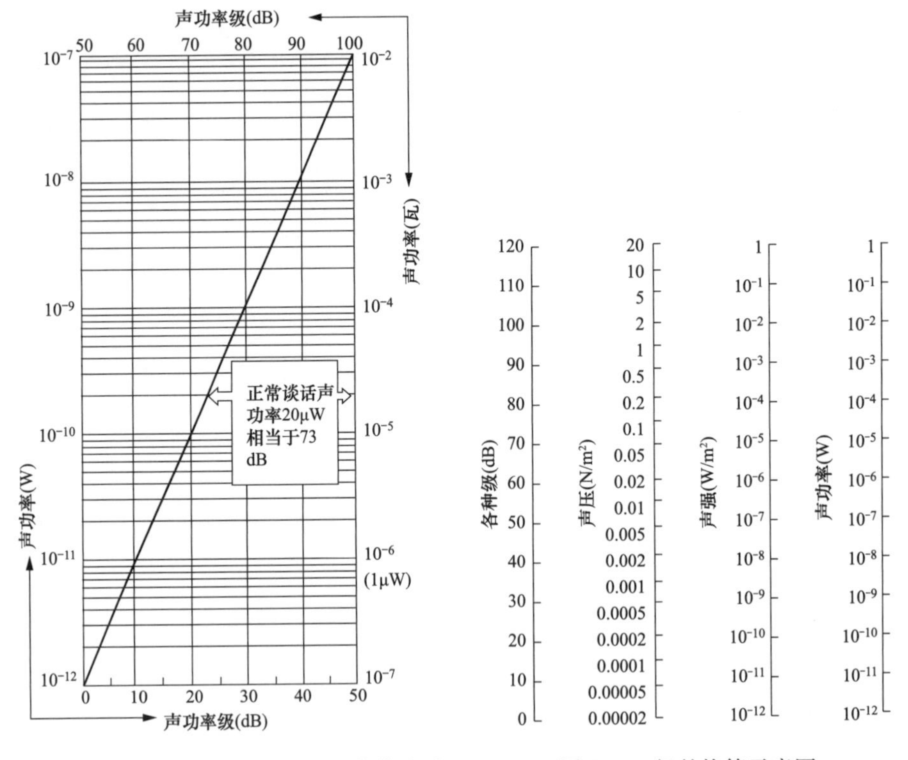

2-37　声功率和声功率级的对应数值关系

图 2-38　级的换算示意图

2.4.3　声级的叠加

2.4.3.1　互相独立、相同声压级声源的叠加

若声场中存在两个声源，当在没有另一个声源的情况下测量，每个声源产生 60dB 的声压级，当两个声源同时发生时，将不会产生 120dB 的声压级。为了得到正确的声压级，必须考虑空间中某点的两个瞬时声压。如果这两个单独的压力是 $P_1(t)$ 和 $P_2(t)$，那么总压力 $P(t)$ 为：

$$P(t) = P_1(t) + P_2(t) \tag{2-9}$$

均方声压 $P^2(t)$ 的时间平均值为：

$$\overline{P^2} = \frac{1}{T}\int_0^T [P_1(t) + P_2(t)]^2 \mathrm{d}t = \overline{P_1^2} + \overline{2P_1P_2} + \overline{P_2^2} \tag{2-10}$$

在大多数独立噪声源的情况下，假设它们不相干，因此不会发生一个波与另一个波的显著干扰，因此由 P_1、P_2 表示的时间平均交叉项为零。

$$\overline{P^2} = \overline{P_1^2} + \overline{P_2^2} \tag{2-11}$$

又因为：

$$P_1 = P_2 \tag{2-12}$$

因此可以得到：

$$\overline{P^2} = 2\,\overline{P_1^2} \tag{2-13}$$

例如，若存在两个互相独立、声压级 L_{p1} 均为 10dB 的声源，两声源声压均为 P_1，总压力为 $P=2P_1$，两个声源叠加得到的声压级可由式（2-14）计算得到：

$$L_p = 10\lg\frac{P^2}{P_0^2} = 10\lg\frac{2P_1^2}{P_0^2} = 10\lg\frac{P_1^2}{P_0^2} + 10\lg 2 = L_{p1} + 3 \tag{2-14}$$

叠加后的声压级 $L_p = L_{p1} + 3 = 10 + 3 = 13$，比单个声源的声压级大 3dB。

因此，将声源数量加倍可将声压级提高 3dB，再将其加倍至 4 倍，将其提高 6dB，依此类推可以得出多个互相独立、相同声级声源叠加后的声压级。

2.4.3.2　互相独立、不同声压级声源的叠加

互相独立、不同声压级声源的叠加可按照下列步骤进行。设存在两个互相独立、声压级分别为 90dB 与 96dB，要求得它们叠加后的声压级。

（1）计算出两声压级之间的差值，计算可得为 6dB。

（2）根据图 2-39 分贝差的增值图查出增值，由于两声压级之间分贝差 6dB，可以看出横坐标为 6 时，纵坐标为 1dB，因此增值为 1dB。

（3）将第二步查得的增值叠加到分贝值较大声压级上，即为两声压级叠加后的声压级。本例中两声压级分别为 90dB 与 96dB，因此将增值 1dB 叠加到较大的 96dB 上，因此，90dB 与 96dB 声压级叠加后为 97dB。

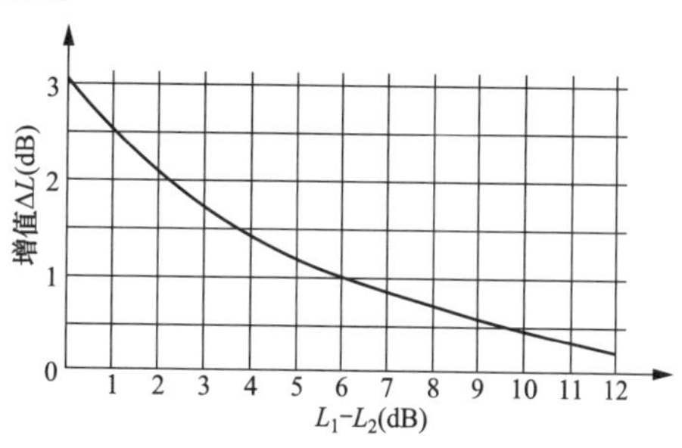

图 2-39　分贝差的增值图

（4）对于多个声压级的叠加，按上述方法两个两个地逐个叠加，依顺次进行即可求出多个互相独立、声压级不同的声源叠加后的声压级。

还可利用式（2-6），首先将多个声压级转换为与之对应的声压，再利用式（2-9）求出其均方声压，最后利用式（2-6）求对数，算出的声压级即为多个互相独立、声压级不同的声源叠加后的声压级。

2.4.3.3　互相不独立、相同声压级声源的叠加

如果没有做出相同声压级的声源互相独立的假设，则 $\overline{P_1P_2}$ 不一定为零。那么根据式（2-10）和式（2-12），可以得出：

$$\overline{P^2} = 4\,\overline{P_1^2} \tag{2-15}$$

$$L_p = 20\lg\frac{p}{p_0} = 10\lg\frac{p^2}{p_0^2} = 10\lg\frac{4p_1^2}{p_0^2} = 10\lg\frac{p_1^2}{p_0^2} + 10\lg4 = L_{p1} + 6 \tag{2-16}$$

因此，将声源数量加倍可将声压级提高 6dB，再将其加倍至 4 倍，将其提高 12dB，依此类推可以得出多个互相不独立、相同声级声源叠加后的声压级。

2.5 声音的频谱与倍频程

2.5.1 频谱

各种声源发出的声音大多是由许多不同强度、不同频率的声音复合而成。具有不同频率（或频段）成分的声波具有不同的能量，这种频率成分与能量分布的关系称为声的频谱。其特性大致可以可分为三类：①低频噪声，即频谱中的最高声压级分布在 350Hz 以下；②中频噪声，即频谱中最高声压级分布在 350～10000Hz 中间；③高频噪声，即频谱中最高声压级分布在 10000Hz 以上。

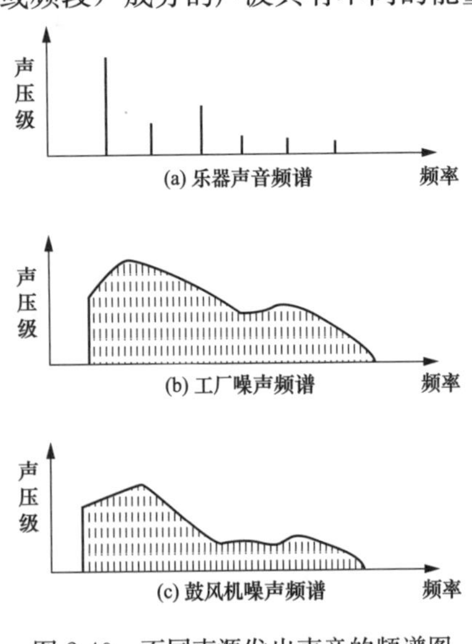

图 2-40 不同声源发出声音的频谱图

以频率为横坐标，以反映声音强弱的量（如声压级、声强级或声功率级）为纵坐标绘出的图形，称为声音的频谱图，简称声谱，如图 2-40 所示。

不同声源发出声音的频谱图是不同的。例如声源中各种乐器所发出声音在频谱图上是一系列谱线［见图 2-40（a）］；工厂车间内的噪声声能连续地分布在宽阔的频率范围内，频谱图中相应的每个频率成分竖线排列的非常紧密［见图 2-40（b）］；有些噪声源如鼓风机、空调、球磨机等所发出的频谱，既具有连续的噪声频谱，也有分立频率成分［见图 2-40（c）］，等等。

2.5.2 倍频程

音乐有高低音之分，而噪声也有的尖锐，有的沉闷。声源的振动频率决定其发出声音的高低。按照人类的听声范围划分，不同频率的声波可以分为三类：一般正常人的可听声的频率范围为 20～20000Hz；低于 20Hz 的声音为次声；高于 20000Hz 的声音为超声，如图 2-41 所示。在噪声控制和治理中，主要针对可听声频率范围。

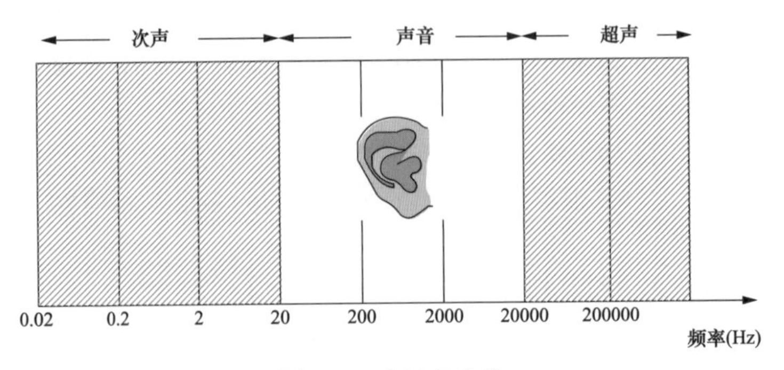

图 2-41 声波的分类

一般声源所发出的声音不会是单一频率的纯音，而是由许许多多不同频率、不同强度的纯音组合而成。根据傅里叶理论，可以将声音按频率展开，使其成为频率的函数，并且清楚地看到声音的各个频率成分和相应的强度，这一过程称为频谱分析。

为了方便进行频谱分析，通常把宽广的声频变化范围划分为若干个较小的频段，称为频带或频程。在一个频程中，上限频率 f_u 与下限频率 f_L 之比为：

$$\frac{f_u}{f_L}=2 \tag{2-17}$$

式中：f_u 为上限截止频率，Hz；f_L 为下限截止频率，Hz。

式（2-17）称为一个倍频程，倍频程每一段的最高值是最低值的 2 倍。倍频程通常用它的几何中心频率来表示：

$$f_c=\sqrt{f_u f_L}=\frac{\sqrt{2}}{2}f_u=\sqrt{2}f_L \tag{2-18}$$

式中：f_c 为倍频程中心频率，Hz。

倍频程与中心频率如图 2-42 所示，表 2-5 给出了各段倍频程的中心频率和频率范围。

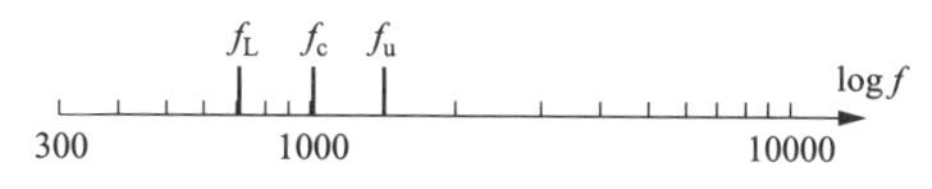

图 2-42　倍频程与中心频率

表 2-5　　倍频程中心频率及频率范围　　Hz

中心频率	频率范围
31.5	22.4～44.7
63	44.7～89.1
125	89.1～178
250	178～355
500	355～708
1000	708～1410
2000	1410～2820
4000	2820～5620
8000	5620～11200
16000	11200～22400

对噪声数据进行倍频程分析后，所得到的典型图形如图 2-43 所示。

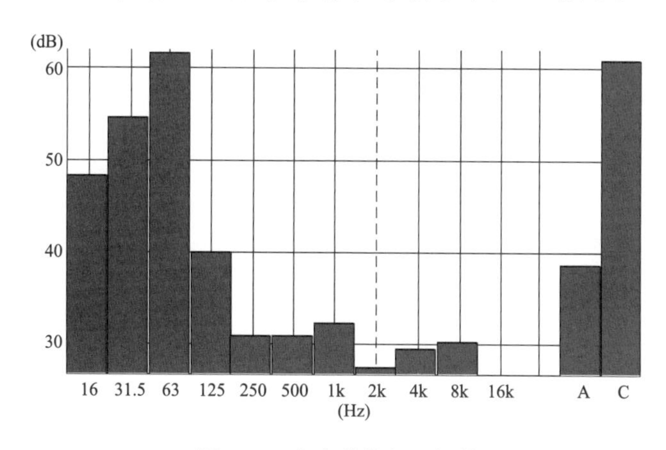

图 2-43　声音的倍频程频谱

当 n=1/3 时称为一个 1/3 倍频程，1/3 倍频程是比倍频程更加详细的频谱，它将一个倍频程分为 3 份，1/3 倍频程通常用它的几何中心频率来表示：

$$f_c = \sqrt{f_u f_L} = \frac{f_u}{\sqrt[6]{2}} = \sqrt[6]{2} f_L \tag{2-19}$$

式中：f_c 为 1/3 倍频程中心频率，Hz。

3 变电站噪声特性分析

我国交流变电站的电压等级按标称系统电压划分为 110、220、330、500、750kV 和 1000kV 等。通常来说，电压等级越高，变电站噪声越大。

3.1 变电站内主要噪声源

变电站内的主要噪声源有变压器噪声、电抗器噪声、电容器噪声、通风风机噪声、电晕噪声和其他典型噪声。

3.2 变压器噪声产生机理及特性分析

3.2.1 变压器基本结构

变压器是利用电磁感应原理，将一种电压等级的交流电能转换成同频率的另一种电压等级的交流电能的仪器。它具有变压、变流、变换阻抗和隔离电路的作用。

变压器的主要部件是铁心（器身）和绕组。铁心是变压器的磁路，绕组是变压器的电路，二者构成变压器的核心即电磁部分。除了电磁部分，还有油箱、冷却装置、绝缘套管、调压和保护装置等部件。不同容量与电压等级的变压器，其部件的结构形式存在差异。图 3-1 所示为某大型变压器的结构。

图 3-1　大型变压器结构图

3.2.2 变压器工作原理

变压器的主要部件是铁心和套在铁心上的两个绕组，绕组有两个或两个以上，其中连接电源的绕组称为一次绕组，其余的绕组称为二次绕组。变压器的工作原理如图 3-2 所示。

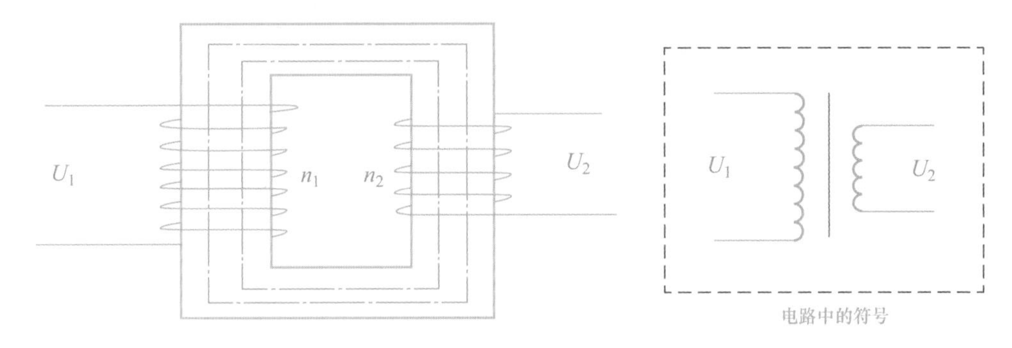

图 3-2 变压器的工作原理

当一次绕组中加上交流电流时，铁心中便产生交流磁通，使二次绕组中感应出电压或电流。即“动电生磁，动磁生电”。只要一、二次绕组匝数不同，就能达到改变电压的目的。

变压器通过闭合铁心，利用一、二次绕组中由于有交变电流而发生的互感现象实现了从电能到磁场能再到电能的转化，其能量转化如图 3-3 所示。

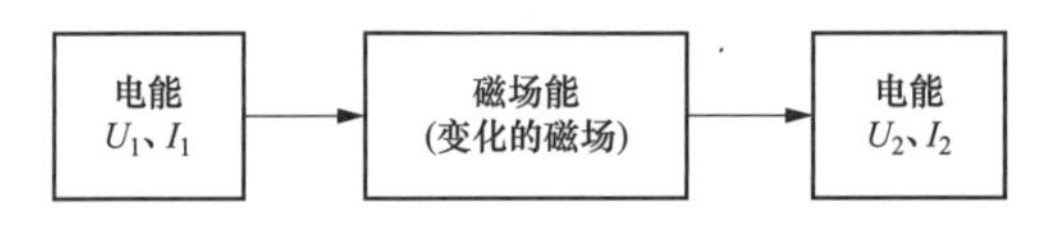

图 3-3 变压器的能量转化

3.2.3 变压器噪声产生机理

变压器的振动噪声主要是由变压器本体（铁心、绕组）的振动以及冷却装置的振动引起的。

3.2.3.1 变压器本体噪声产生机理

铁心是变压器的主磁路，电力变压器的铁心主要采用心式结构，它将三相绕组分别放在三个铁心柱上，三个铁心柱由上、下两个铁轭连接起来，构成闭合磁路，如图 3-4 所示。

图 3-4 电力变压器的铁心结构

铁心的振动主要来源于磁致伸缩和叠片间的电磁力。

1. 磁致伸缩

磁致伸缩是指铁磁性物质在外磁场的作用下，由于磁化状态改变引起的长度和体积均发生变化的现象。铁磁体的磁致伸缩可以分为线磁致伸缩和体磁致伸缩两种：①线磁致伸缩表现为铁磁体在磁化过程中具有线性的伸长或缩短；②体磁致伸缩表现为铁磁体在磁化过程中发生体积的膨胀或收缩。

两种磁致伸缩如表 3-1 所示。

表 3-1　　两种磁致伸缩现象

磁致伸缩类型	表现	六方晶系	立方晶系
线磁致伸缩	体积不发生变化（仅发生形状变化）	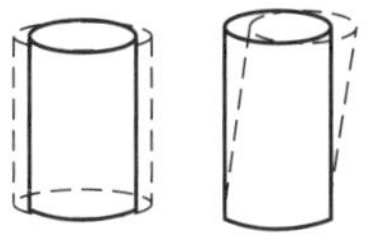	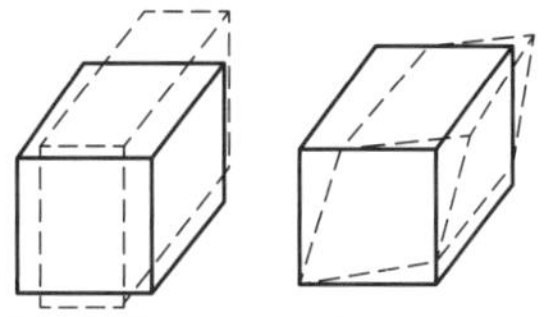
体磁致伸缩	体积发生变化	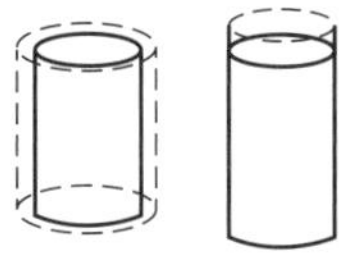	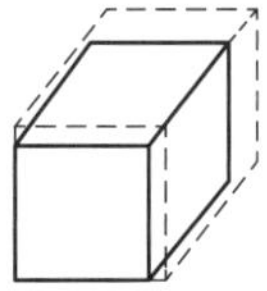

由于铁磁体的体磁致伸缩通常很小，因此研究方向主要集中在线磁致伸缩领域。

磁致伸缩在微观上可以用磁畴的磁化方向来解释，在无外磁场状态下，磁畴的磁化方向是随机的，材料呈现各向同性；而在磁化状态下，大量磁畴磁化方向变为有序分布，使得材料具有各向异性。在宏观上则表现为材料内部的磁畴在外磁场作用下发生转动，从而导致材料整体上发生形变。

磁致伸缩使铁心对励磁频率的变化做周期性振动，当交变电流以一定的频率流向一次绕组时，铁心内部会产生交变磁场，此交变磁场使铁心尺寸发生微小的变化，进而做周期性振动。由于磁致伸缩的变化周期是电源频率的半个周期，则磁致伸缩引起的电力变压器本体的振动是以 2 倍的电源频率为基频率。因此，硅钢片的振动主要是由铁磁材料的磁致伸缩特性引起的。

磁致伸缩率越大，噪声就越大。磁场强度越大、硅含量越低、温度越高，磁致伸缩率就越大。变压器噪声的主要来源是硅钢片的磁致伸缩引起的铁心振动，因此，降低变压器所带来的噪声就是要降低磁致伸缩率。

2. 电磁力

电磁力引起的铁心振动主要包括因磁力线形状发生畸变在硅钢片接缝处产生的纵牵力和因铁心中磁通分布不均在硅钢片间产生的侧推力。

铁心接缝处的磁通分布较为复杂，一部分磁通绕过缝隙从相邻桥接叠片中通过，产生了垂直于主磁通的法向磁通，使相邻叠片间产生电磁吸引力。当桥接叠片中的磁通达到饱和时，剩余磁通从接缝处的空气缝隙中穿过产生缝隙磁通，导致接缝处产生与主磁通同方向的片内电磁吸引力，从而引起铁心振动。

为使电磁力引起的铁心振动得到明显改善，可改进铁心结构和叠片工艺，如斜接缝和步进阶梯接缝工艺的采用，对铁轭和心柱使用环氧玻璃钢带绑扎等。因此，在铁心预应力足够、硅钢片结合足够紧密的情况下，电磁力引起的铁心振动远小于硅钢片磁致伸缩引起的铁心振动。

绕组是变压器的电路部分，它是由铜或铝的绝缘导线绕制而成。为了便于绝缘，低压绕组靠近铁心柱，高压绕组套在低压绕组外面，如图 3-5 所示。

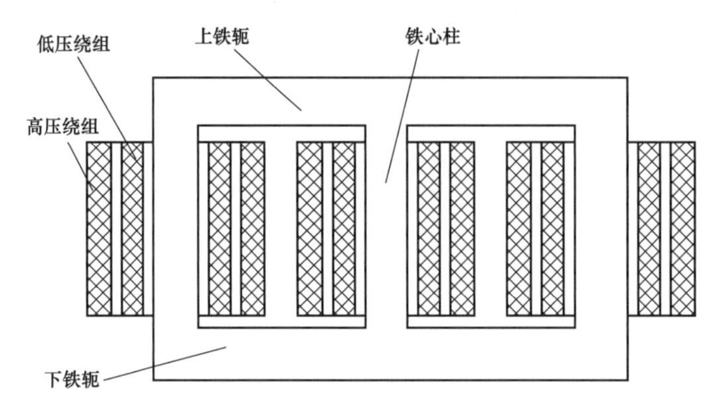

图 3-5 变压器绕组分布

变压器绕组的振动是由交变电流流过绕组时，在绕组、线饼以及线匝间产生动态电磁吸引力引起的，周期性的电动力使变压器绕组产生机械振动，并传递到变压器的其他部件上。

双绕组变压器的同一绕组内所有线匝流过的电流方向、大小均相同，因此各线匝间相互吸引产生轴向力；高压绕组与低压绕组间的电流方向相反，绕组之间相互排斥产生辐向力。两种力分别导致绕组轴向与径向振动，如图 3-6 所示。

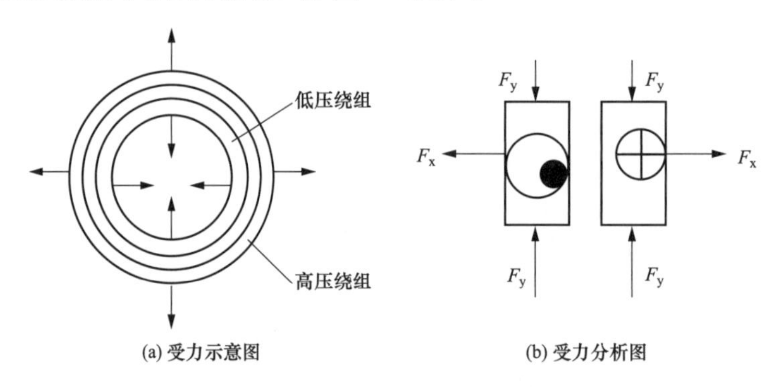

图 3-6 双绕组变压器同一绕组的受力情况

若绕组的轴向与径向振动过于剧烈或达到硅钢片共振频率时，变压器噪声会趋于明显。

3.2.3.2 变压器冷却装置噪声产生机理

冷却装置是变压器噪声的另一个主要来源，其噪声主要是由变压器冷却风扇运行时产生的机械噪声、空气动力噪声，以及变压器潜油泵运行时产生的机械噪声。其中，冷却风扇引起的噪声甚至会超过变压器的本体噪声。

变压器冷却风机（见图 3-7）噪声的主要来源是机械噪声和空气动力噪声，其中机械噪声主要通过风机的机壳向周围传播；空气动力噪声则通过气体之间或气体与物体的互相作用产生，包括旋转噪声和涡流噪声。

图 3-7　变压器冷却风机

变压器油泵噪声主要由电动机轴承等部分的摩擦产生，频率为 600～1000Hz。

3.2.4　变压器噪声传播特性

变压器噪声主要来源于本体（铁心、绕组）以及冷却装置（油泵、风扇）振动。振动的传播过程较为复杂。

铁心的振动是通过两条途径传递给油箱的，一条通过支撑附件传至油箱，另一条通过绝缘油传至油箱。绕组的振动主要通过绝缘油传至油箱引起变压器油箱的振动。

油泵和风扇等冷却装置的振动通过支撑附件传至箱体表面。油泵和风扇等冷却装置的振动，一方面通过接头等固体途径传播至油箱表面与铁心、绕组引起的振动叠加形成噪声；另一方面，风扇叶片转动扰动气流产生空气噪声。因此，变压器油箱的振动是铁心振动、绕组振动和冷却装置振动在油箱壁上叠加的结果，如图 3-8 所示。本体噪声和冷却装置噪声合成后，形成变压器噪声，并以声波的形式通过空气向四周传播。

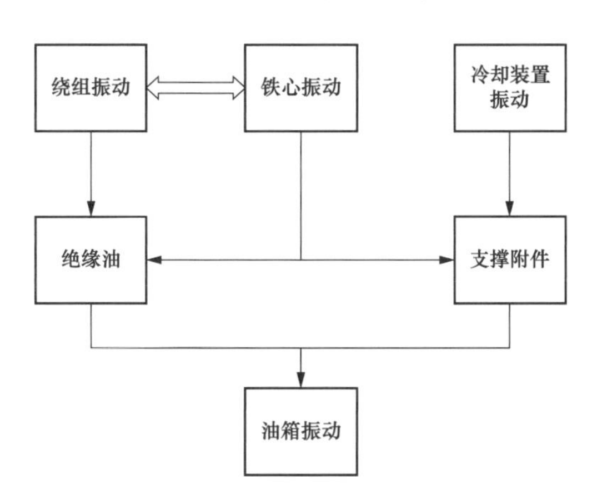

图 3-8　变压器油箱的振动

需要说明的是，变压器是一个由各种部件组成的弹性振动系统，该系统有许多固有振动频率。当变压器的铁心、绕组、油箱以及其他机械结构的固有振动频率接近或等于硅钢片磁致伸缩振动的基频（2 倍电源频率）及其整数倍（对于 50Hz 电源系统为 100、200、300、400Hz 等）时，将发生谐振，使变压器噪声显著增加。

3.2.5 变压器噪声频谱特性分析

1. 110kV 变压器频谱特性

对某 110kV 变电站 1 号主变压器进行噪声测试，所得到的典型时域波形及频谱如图 3-9 所示。该变压器噪声信号主要集中在 200～800Hz 频段内，平均等效 A 声级为 59.8dB（A）。

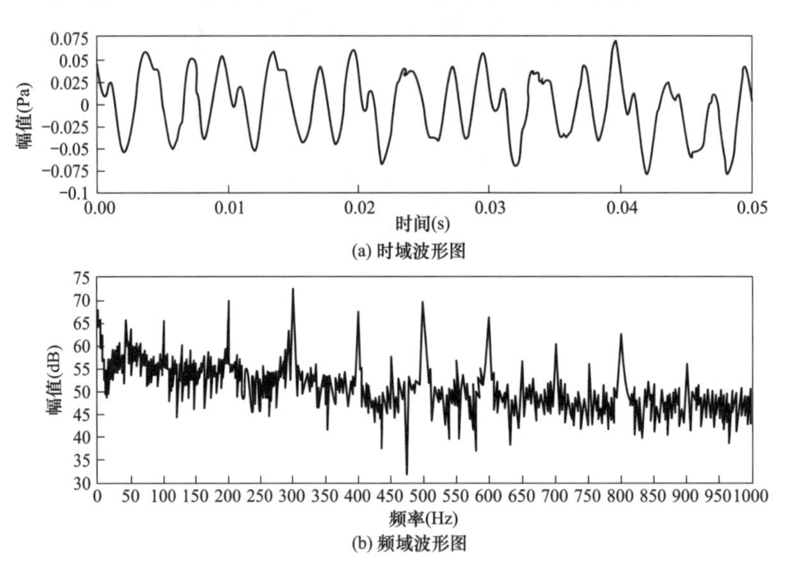

图 3-9 110kV 变压器噪声时频图

2. 220kV 变压器噪声特性

图 3-10 给出了某 220kV 变电站 1 号主变压器噪声时域波形及频谱。由图可看出变压器噪声频谱主要集中在 500Hz 范围内的 100、200、300、400Hz 频率点上。

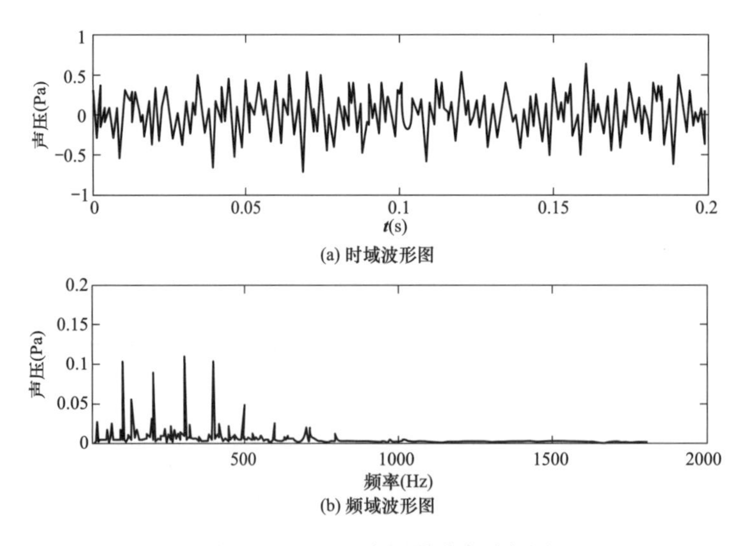

图 3-10 220kV 变压器噪声时频图

3. 500kV 变压器噪声特性

对某 500kV 变电站内 2 号主变压器 A 相噪声进行测量，其典型的时域波形及频谱如图 3-11 所示。该变压器为单相自耦无励磁调压变压器，由变压器噪声频谱可以发现，所测

变压器噪声主要集中在200、400、600、800Hz四个频率分量上，其中400Hz频率分量能量最高，变压器平均等效A声级为74.7dB（A）。

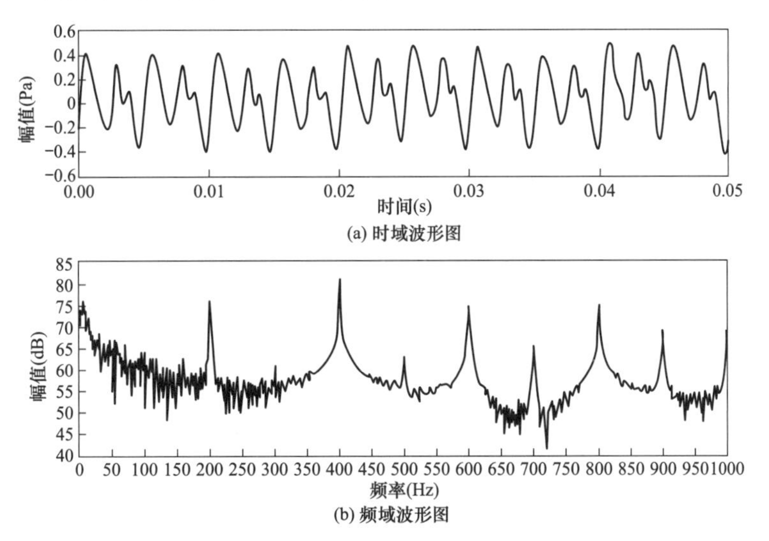

图3-11　500kV变压器噪声时频图

4. 1000kV变压器噪声特性

对某1000kV特高压交流变电站1号主变压器C相进行噪声测试，所得的时域波形及频谱如图3-12所示。从时域图可看出，1000kV变压器噪声呈现出明显的周期性，频谱中100、200、400Hz频率能量相对较高。其中，噪声频谱中100Hz频率分量幅值最大，200Hz与400Hz频率相对较低。变压器平均等效A声级为71.3dB（A）。

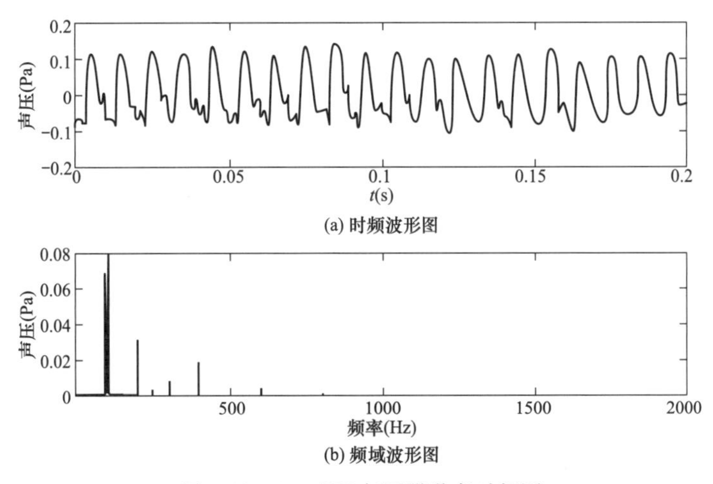

图3-12　1000kV变压器噪声时频图

3.3　电抗器噪声产生机理及特性分析

3.3.1　电抗器基本结构

高压并联电抗器是变电站最主要的噪声源之一。按结构形式不同，高压并联电抗器分为铁心式和空心式两种。

1. 铁心式电抗器

铁心式电抗器的结构与变压器结构类似，但仅有一个绕组（激励绕组），其铁心由若干个铁心饼叠置而成，铁心饼之间用绝缘板（纸板、酚醛纸板、环氧玻璃布板）隔开，形成间隙；其铁轭结构与变压器相同，铁心饼与铁轭由压缩装置通过螺杆拉紧形成整体，铁轭及所有铁心饼均应接地。如图 3-13 所示为某三相电抗器的铁心。

图 3-13　三相电抗器铁心

铁心饼由硅钢片叠成，铁心式电抗器铁轭结构与变压器相似，一般为平行叠片，中小型电抗器通常将两端的铁心柱与铁轭叠片交错叠放，铁轭截面一般为矩形或 T 形，以便压紧。

2. 空心式电抗器

空心式电抗器均为单相，其结构与变压器线圈相同，如图 3-14 所示。空心电抗器的特点在于直径大、高度低，由于无铁心柱，其对地电容小，线圈内串联电容较大，因此冲击电压的初始电位分布良好，即使采用连续式线圈也较为安全。

图 3-14　空心式电抗器

空心式电抗器的紧固方式有水泥浇筑和环氧树脂板夹固或浇筑两种。

3.3.2　电抗器工作原理

电抗器是一个大的电感线圈，根据电磁感应原理，感应电流的磁场总是阻碍原来磁通的变化：如果原来磁通减少，感应电流的磁场与原来的磁场方向一致；如果原来的磁通增加，感应电流的磁场与原来的磁场方向相反。图 3-15 所示为电抗器的工作原理。

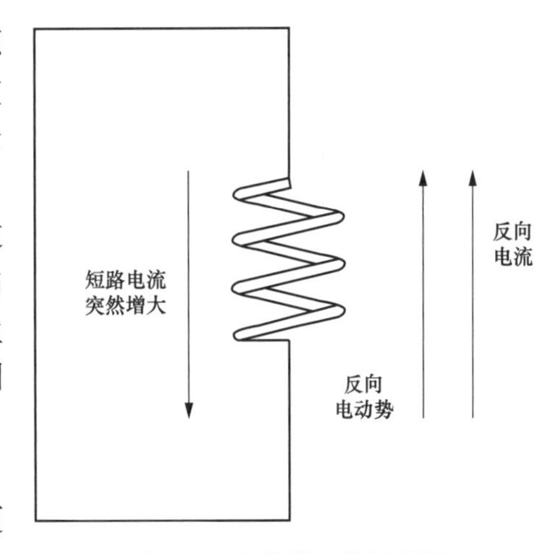

图 3-15 电抗器工作原理图

如果突然发生短路故障，电流突然增大，在这个大的电感线圈中要产生一个阻碍磁通变化的反向电动势，在这个反向电动势的作用下，必然要产生一个反向的电流，以限制电流突然增大，起到限制短路电流的作用，从而维持母线电压水平。

3.3.3 电抗器噪声产生机理

高压电抗器一般布置在出线侧，距离围墙更近，对站外环境噪声的影响要远高于变压器，因此其噪声治理显得更为重要。

在空心线圈中插入铁磁材料，可提供更大电感。铁心电抗器由于铁心柱的分段，各段分别产生磁极，使铁心饼之间存在磁吸引力，引起额外的振动和噪声，超过变压器通常所遇到的因磁致伸缩而导致的振动和噪声。

由铁心饼、垫块以及铁轭组成的系统还有可能出现机械共振现象，导致电抗器的振动和噪声较大。

3.3.4 电抗器噪声频谱特性分析

某 500kV 高压并联电抗器的时域信号和频谱分布如图 3-16 所示，可以看出，噪声时域信号具有明显的周期性，噪声频率主要集中在 100Hz 及其倍频上；电抗器噪声信号具有平稳性，各频率分量幅值基本不随时间变化。

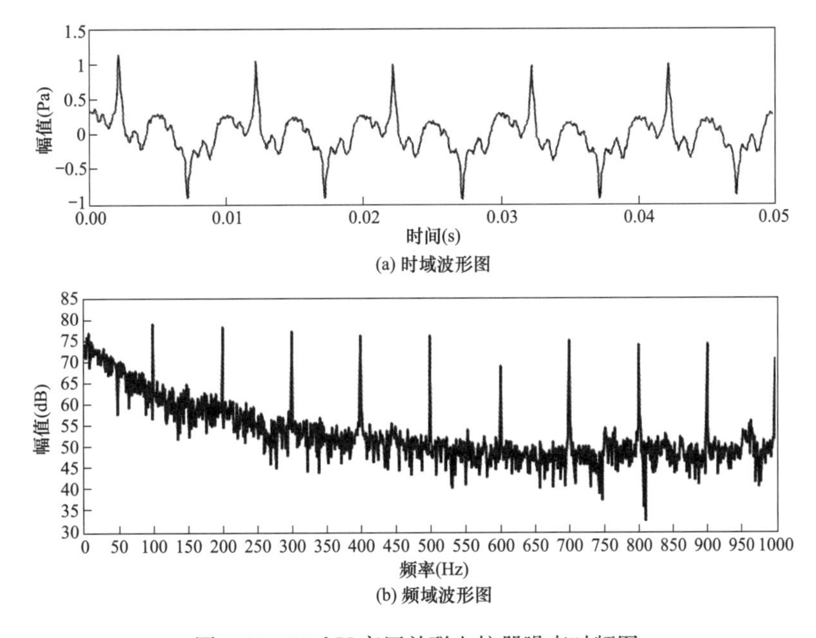

图 3-16 500kV 高压并联电抗器噪声时频图

3.4　电容器噪声产生机理及特性分析

为了补偿输电系统中的感性无功功率、滤除系统交流侧的谐波分量和直流侧的交流分量，换流变电站需要使用大量的交流滤波电容器和直流滤波电容器。这类电容器的单元具有个体多、容量大、塔架高等特点。

3.4.1　电容器的基本结构

最简单的电容器是由两端的极板和中间的绝缘电介质（包括空气）构成的。变电站中使用的电容器是由圆筒体、筒体顶部、平盖或半球形封头、密封元件以及一些附件组成，具有耗损低、重量轻的特性，如图 3-17 所示。

3.4.2　电容器的工作原理

电容器通电后，两极板带电形成电势差，但是由于中间存在绝缘介质，所以整个电容器是不导电的。当两极板的电势差大到一定程度超过电容器的临界电压（击穿电压）时，电容就被击穿。电容器的基本结构如图 3-18 所示。

图 3-17　变电站用电容器

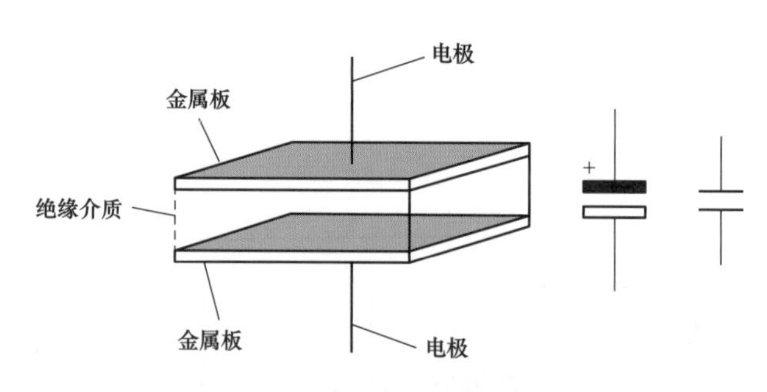

图 3-18　电容器的基本结构

在相对稳定的直流电路当中，电容只是一个电流中的断开点。不过，电容可以通过外加电压出现暂时性的充电，从而产生充电电流。若两极间的电压经过不断提升，最终达到与外接电路电压平衡后，充电则会停止。外加在正弦交流电路中电容两端的电压不断变化，使电容不论充电还是放电都不会停止。

由此可知，电容不仅不消耗有功功率，而且其时正时负的功率特性使其可在电路中进行能量交换。通常，这种情况被称作消耗容性无功功率，也就是提供感性无功功率。不仅如此，电网中大量的无功流动虽不会消耗能量，但过量的电流流经线路，会使得线路末端电压因两端电压降升高而降低。因此，运用电容器进行无功补偿，以阻碍电网中大量无功流动造成的影响，来减少线路损耗以及提升电压质量。

3.4.3 电容器噪声产生机理

电容器的元件成扁平状，工作时两铝箔极板基本平行。由于电容器元件的每侧均有铝箔且两极板平行，所以带电电容器元件的大部分部位受力都是平衡的，如图 3-19 所示，受力不平衡的部位仅仅是电容器元件的两端处（图中的 F_1）和中间（图中的 F_2）。

由于电容器元件中间薄油层的抗变形强度非常高，尽管中间受力处上下力之间有较小的偏移，但仍可互相抵消，故电容器元件上的电场力仅为端面上的力。因此电容器元件的振动主要发生在竖直方向上，其噪声主要是从顶部和底部发出的，即电力电容器声发射以表面套管面和底面为主，具有明显的指向性。

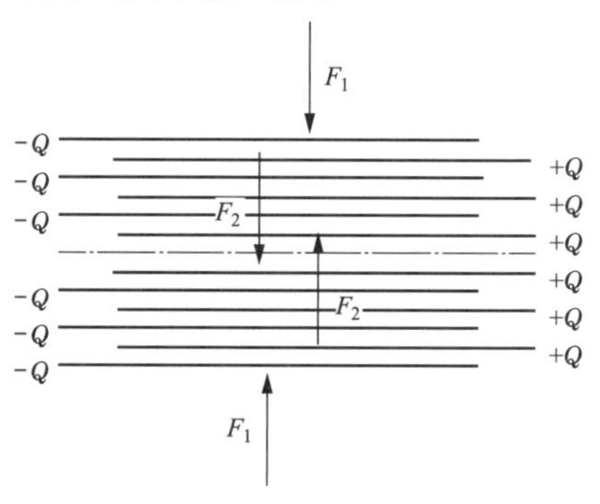

图 3-19 电容器元件受力分析

3.4.4 电容器噪声传播特征

电容器元件振动经油传递和支撑附件传递引起外壳振动产生噪声，如图 3-20 所示。

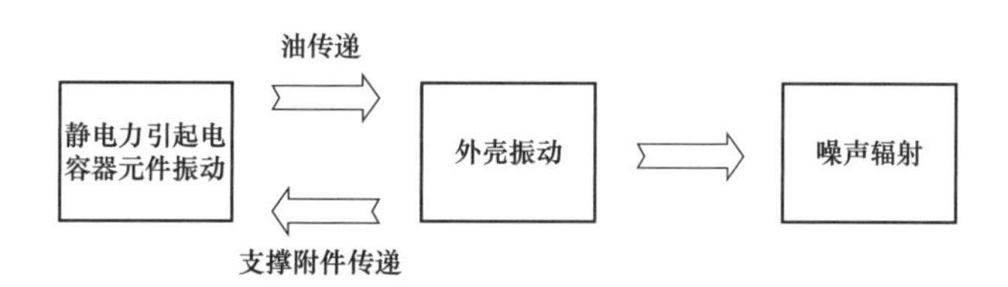

图 3-20 电容器噪声的产生和传播过程

根据上面的研究可知，有多种因素会影响电容器的噪声传播水平：

（1）噪声与交变电压、交变电流之间的关系。如果电压或电流增加 2 倍，电容器声压水平会增大 12dB。

（2）噪声与电容值大小的关系。当电容器元件的尺寸增加使得其电容值变大，电容器声压随着电容值的变化量增大而增大。若电容值增大 1 倍，声压将增大 6dB。

（3）噪声与电场强度的关系。电场强度变大时，电容器声压值也将增大。但是，当电场强度增大，可能导致电容器元件尺寸变小，因此实际的声压级增量可能比计算值小。

（4）噪声与电压频率的关系。当电压频率上升时，电容器声压会增大，但影响两者联系的因素较多，无法量化。当电压谐波频率分量增加时，噪声也会增加。

（5）电容器安装方式与噪声的关系。电容器的安装方式通常有直立、侧卧和横卧三种，安装方式不一样时，电容器各个面的受力状态不同，会影响振动的传递和噪声的传播。

（6）电容器压紧系数对噪声也有影响。压紧系数是描述电容器介质松紧程度的量，需要以实际情况为准，选取合适的压紧系数。

另外，电容器塔发出噪声的总声功率级也会受到电容器塔的固有频率、电容器数量和位置等因素影响。

3.4.5 电容器噪声频谱特性分析

图 3-21 为某 500kV 换流站交流滤波电容器塔架的噪声频谱。可以看出，频率主要成分是 100Hz 及其倍频，在 1000Hz 以上时，各成分幅值较小，可以忽略。

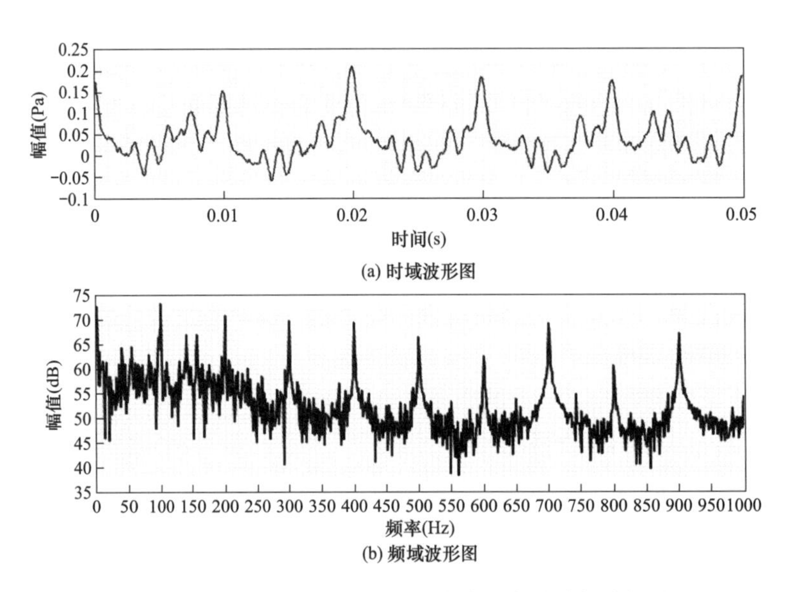

图 3-21 某 500kV 换流站交流滤波电容器噪声时频图

3.5 电晕噪声产生机理及特性分析

3.5.1 电晕噪声产生机理

带电导体工作时，导体附近存在电场。空气中存在大量的自由电子，这些电子在电场作用下会加速，撞击气体原子。自由电子的加速度随着电场强度的增大而增大，撞击气体原子前所积累的能量也随之增大。如果电场强度达到气体电离的临界值，自由电子在撞击前积累的能量足以从气体原子中撞出电子，并产生新的离子，此时在导线附近小范围内的空气即开始电离。图 3-22 所示为电晕噪声产生机理。

如果导线附近电场强度足够大，以致气体电离加剧，将形成大量电子崩，产生大量的电子和正负离子。在导体表面附近，电场强度较大，随着与导体距离的增加，电场强度逐步减弱。电子与空气中的氮、氧等气体原子的碰撞大多数为弹性碰撞，电子在碰撞中仅损失动能的一部分。当某个电子以足够猛烈的强度撞击一个原子时，使原子受到激发，转变到较高的能量状态，会改变一个或多个电子所处的轨道状态，同时起撞击作用的电子损失掉部分动能。而后，受激发的原子再变回到正常状态，在这一过程中会释放能量。电子也可能与正离子碰撞，使正离子转变为中性原子，这种过程称为放射复合，也会放出多余的能量。

伴随着电离、放射复合等过程产生大量光子，在黑暗中可以看到在导线附近空间有蓝色的晕光，同时还伴有嘶嘶声，这就是电晕。这种特定形式的气体放电称为电晕放电。电晕放电伴随着空气的强烈振动形成声音，这种可听声称为电晕噪声。

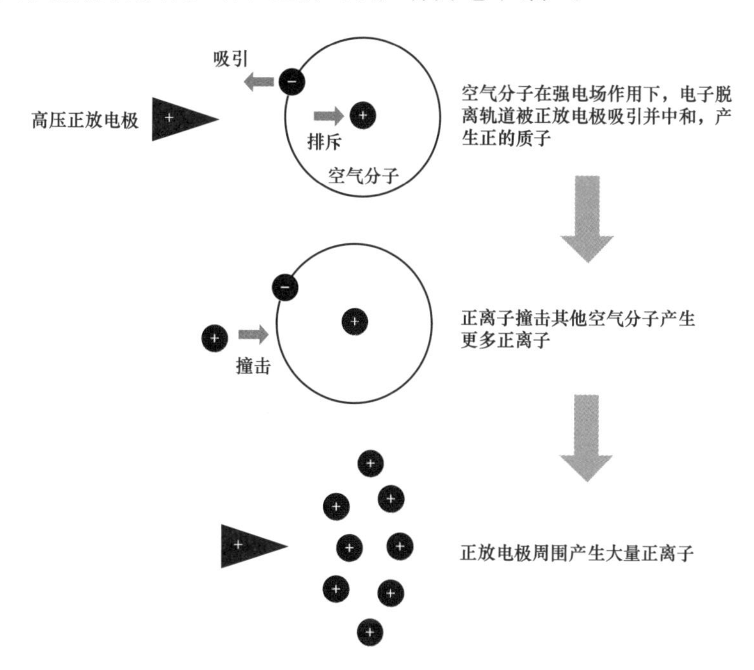

图 3-22　电晕噪声产生机理示意图

3.5.2　电晕噪声传播特性

电晕噪声主要发生在恶劣天气下。在干燥条件下，导体电位梯度通常在电晕起始水平以下，电晕噪声水平较低。然而，在潮湿条件下，因为水滴碰撞聚集在导体上而产生大量的电晕放电，每次放电都伴随爆裂声。

带电架构可听噪声有两个特征分量，即宽频带噪声（嘶嘶声）和频率为 2 倍工频（100Hz）及整倍数频率的纯声（嗡嗡声）。

宽频带噪声是由导线表面电晕放电产生的杂乱无章的脉冲所引起的。这种放电产生的突发脉冲具有一定的随机性。宽频带噪声听起来像破碎声、吱吱声或者噝啦声，与一般环境噪声有着明显区别，对人们的烦恼程度起着主导作用。交流纯声是由于电压周期性变化，导体附近带电离子往返运动而产生的嗡嗡声。

对于交流系统，随着电压正负半波的交变，导体先后表现为正电晕极和负电晕极，由电晕在导体周围产生的正离子和负离子被导体以 2 倍工频排斥和吸引。因此，这种噪声的频率是工频的倍数，若电源频率为 50Hz，则对应的 100Hz 噪声最明显。

3.5.3　电晕噪声频谱特性分析

为了解电晕噪声特性，对某 1000kV 特高压变电站内变电架构区域电晕噪声进行检测，某电晕噪声时间特性如图 3-23 所示。可以看出，在时域上，电晕噪声具有短时脉冲性的特点，电晕发生时，噪声信号幅值明显高于寂静段噪声信号幅值，与变压器、电抗器噪声近似平稳的特征存在明显差异；频域上，电晕噪声分布频带较宽，在可听声范围内均有分布，并且分布相对均匀，6kHz 范围内能量较高。

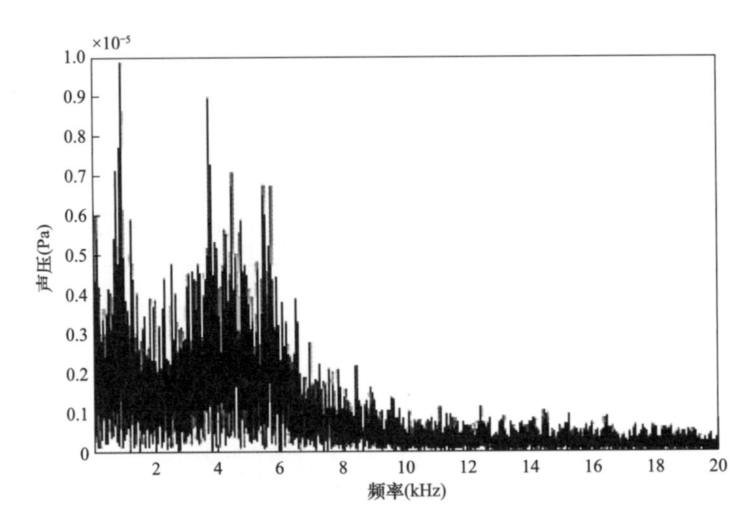

图 3-23　1000kV 变电站变电架构电晕噪声时频图

3.6　通风风机噪声产生机理及特性分析

3.6.1　通风风机基本结构

通风风机是用于输送空气的机械设备，按照工作原理不同分为容积式、叶片式与喷射式三类。变电站内以叶片式轴流风机的应用最为广泛，其突出特点是流量大而扬程短。轴流式通风机由圆形风筒、钟罩形吸入口、装有扭曲叶片的轮毂、流线型轮毂、电动机、电动机罩以及扩压管等部件构成，如图 3-24 所示。

图 3-24　通风风机的基本结构

3.6.2　通风风机的工作原理

当叶轮旋转时，气体从进风口轴向进入叶轮，受到叶轮上叶片的推挤而使气体的能量升高，然后流入导叶。导叶将偏转气流变为轴向流动，同时将气体导入扩压管，进一步将气体动能转换为压力能，最后引入工作管路。

轴流式风机叶片的工作方式与飞机的机翼类似，但后者是将升力向上作用于机翼上并支撑飞机的重量，而轴流式风机则固定位置并使空气移动。

轴流式风机的横截面一般为翼剖面。叶片可以固定位置，也可以围绕其纵轴旋转。叶片与气流的角度或者叶片间距可调或不可调。改变叶片角度或间距是轴流式风机的主要优势之一，小叶片间距角度产生较低的流量，而增加间距则可产生较高的流量。

3.6.3　通风风机噪声产生机理

3.6.3.1　空气动力产生的噪声

1. 冲击噪声

风机高速旋转时，叶片周期性转运，空气质点受到周期性力的作用，冲击压强波以声速传播所产生的噪声。转速越快，接解空气频率越高，其噪声越尖锐。风机出口风速高，动压

（指空气流动时产生的压力，只要风管内空气流动就具有一定的动压，其值永远是正的）高，噪声越大。

2. 涡流噪声

叶轮高速旋转时，因气体边界层分离而产生的涡流所引起的噪声称为涡流噪声，其具有很宽的频率范围。图 3-25 所示为空气动力产生的噪声示意图。

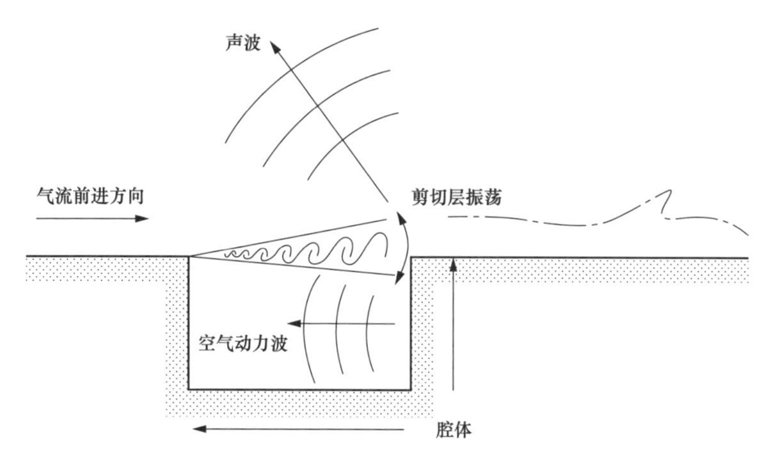

图 3-25 空气动力产生的噪声示意图

3.6.3.2 机械振动产生的噪声

回转体的不平衡及轴承的磨损、破坏等原因所引起的振动会产生噪声，当叶片刚性不足，气流作用使叶片振动时，也会产生噪声。

3.6.3.3 流固耦合作用产生的噪声

叶片旋转引起自身振动通过管道传递时，往往在管道弯曲部分发生冲击和涡流，使噪声增大。特别是当气流压强声波的频率与管道自身振动频率相同时，将产生强烈的共振，噪声急剧增大，严重时可能导致风机破坏。

3.6.4 风机噪声频谱特性分析

对某 110kV 变电站通风风机噪声进行测试，该风机为机翼型低噪声风扇，型号为 DBF2-4Q6，转速为 960r/min，转动频率 16Hz，叶片 4 枚，噪声测试结果如图 3-26 所示。

可以看出，风机噪声信号较为平稳，频谱分布较宽。频谱范围主要位于 2000Hz 以内，400Hz 以上噪声信号幅值较高，且幅值分布较为均匀；噪声频率以 65.95Hz 为主，该频率与冷却风扇叶片总的转动频率吻合。

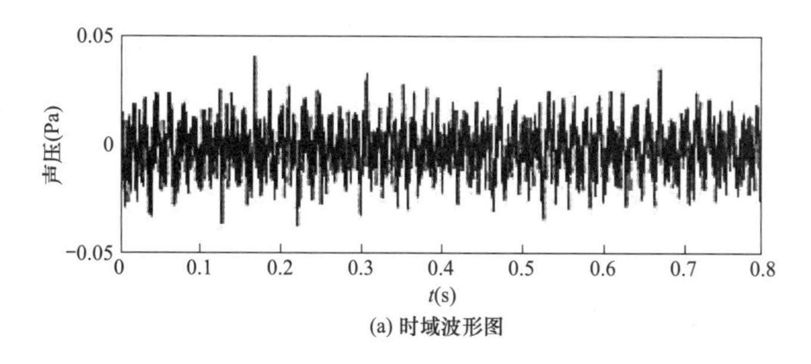

图 3-26 某 110kV 变电站通风风机噪声时频图（一）

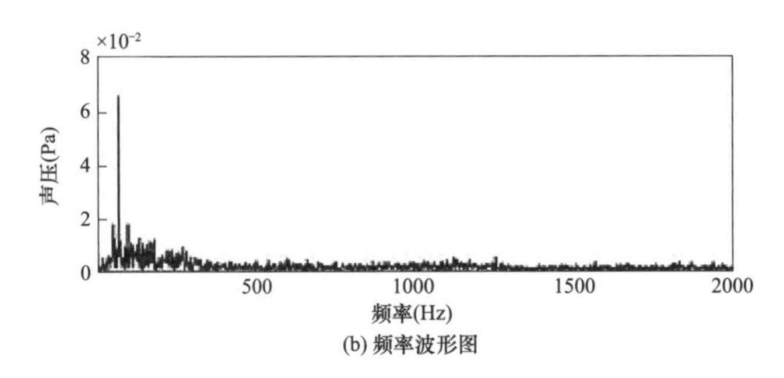

(b) 频率波形图

图 3-26　某 110kV 变电站通风风机噪声时频图（二）

由此可以得出结论：风机噪声信号较为平稳，除旋转频率分量幅值较高外，其余频率噪声能量在 2kHz 范围内分布较为均匀。

3.7　其他典型噪声产生机理及特性分析

3.7.1　开关设备噪声源

变电站内的开关设备（如断路器、隔离开关）在进行开合操作时也会产生冲击噪声。该噪声持续时间短，但其幅值有可能大大超过背景噪声和变压器等设备产生的连续噪声。

断路器是电力系统中重要的控制和保护设备，主要用来开断载流电路，其基本结构如图 3-27 所示。现阶段大部分高压断路器采用弹簧或液压操动机构，气动操动机构由于体积和质量较大，已很少被采用。这几种操动机构在断路器分合闸时都会发出较大的响声，而且之后都会伴随着电机的储能，噪声产生较为突然，对附近的住户或路人有一定的影响。

隔离开关（如图 3-28）是电力系统中重要的开关电器之一，一般只能在电路断开的情况进行分合闸操作，比高压断路器的操作更加频繁。隔离开关由于没有灭弧装置，因此在线路单侧停电或拉开母线侧隔离开关时，会出现拉弧现象，电压等级越高，弧光越长，发出响声也越大，会让人产生不好的感觉。

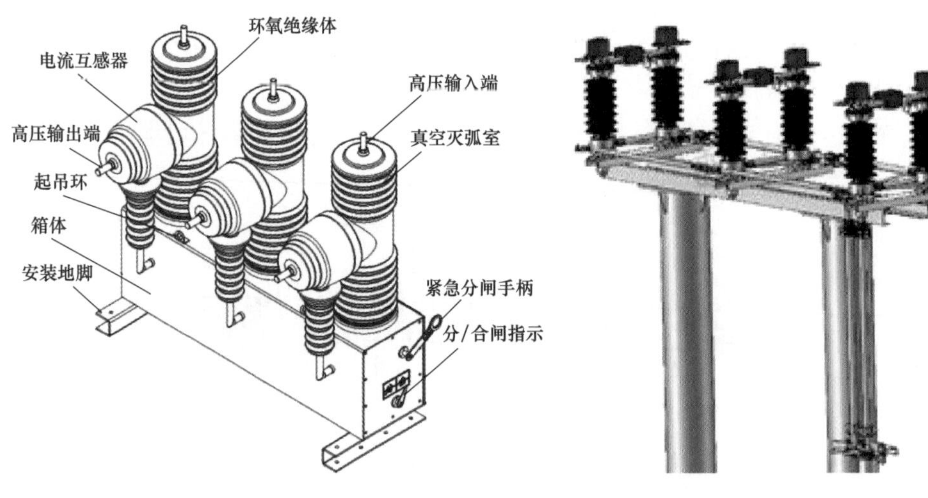

图 3-27　AB-3S 永磁户外断路器　　　　图 3-28　隔离开关

随着电网的快速发展，很多断路器及隔离开关被转移到室内或封闭在充有气体的管道及壳体中，由于气体灭弧性能优良，隔离开关拉弧的声响大为减小，高压断路器的噪声影响也不再严重。

3.7.2 空调设备噪声源

特高压换流站中，空调及水循环设备长期处于运行状态，且台数较多、功率较大，其噪声不可忽略。中控室、继保室等较小的室内一般安装分体空调（如图 3-29 所示），对于面积较大的高压室，为保障开关柜更好地运行，一般安装中央空调。

室外机主要由热交换器、风道系统和压缩机组成，其噪声主要由风道系统噪声和压缩机噪声组成。风道系统噪声包括轴流风扇的旋转噪声和涡流噪声，以及驱动轴流风扇旋转的电机的噪声。电机的噪声一般情况下都很小，对室外机噪声贡献不大。压缩机本身是个复杂的多声源装置，噪声来源比较复杂，主要来自压缩机壳体振动噪声、气流脉动噪声、机械噪声和电磁噪声四个方面。由于制造工艺的提升，现有的空调室外机噪声远低于国家标准，但随着设备的老化及灰尘的附着，运行噪声会逐步变大。

图 3-29　空调设备

空调噪声典型时频如图 3-30 所示。

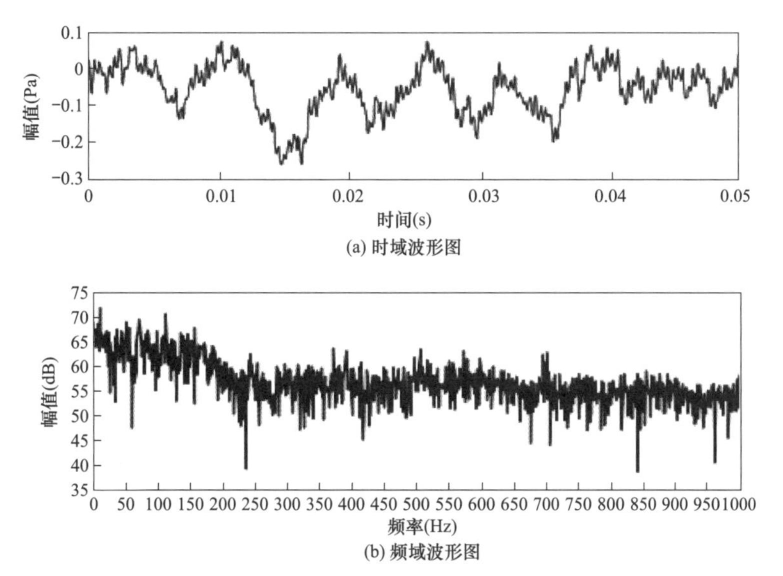

图 3-30　空调噪声典型时频图

3.7.3 变压器冷却油泵

变压器油冷装置一般和变压器本体直接连成一体，要单独对油泵进行噪声测量存在困难。武汉市某变电站采用的是变压器本体与冷却器分别布置在相邻的房间内，中间采用穿墙管道相连，油泵处在冷却器所在的管道间，因此具备现场测试油泵工作状态噪声的条件，图 3-31 所示为油泵的典型时频图。

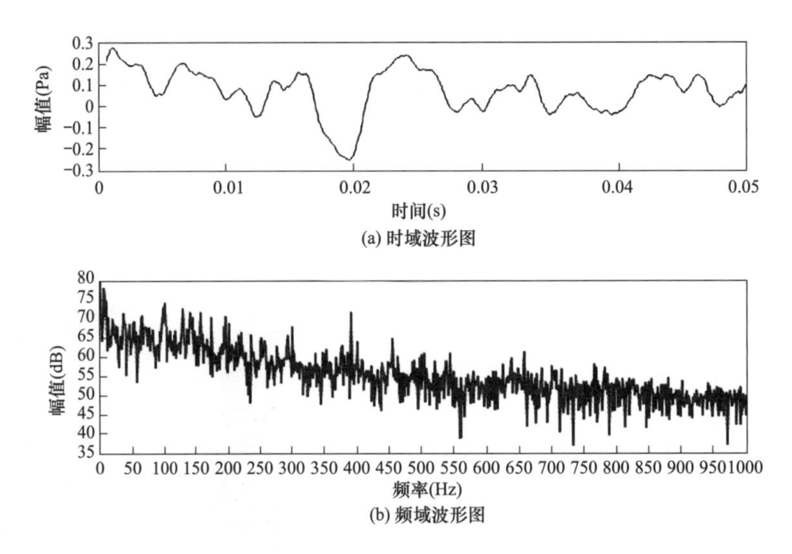

图 3-31　油泵典型时频图

3.7.4　配电控制柜

武汉市某变电站内处在地下室内的配电柜具有较大的噪声，通过现场测试，得到配电控制柜噪声典型时频图如图 3-32 所示。

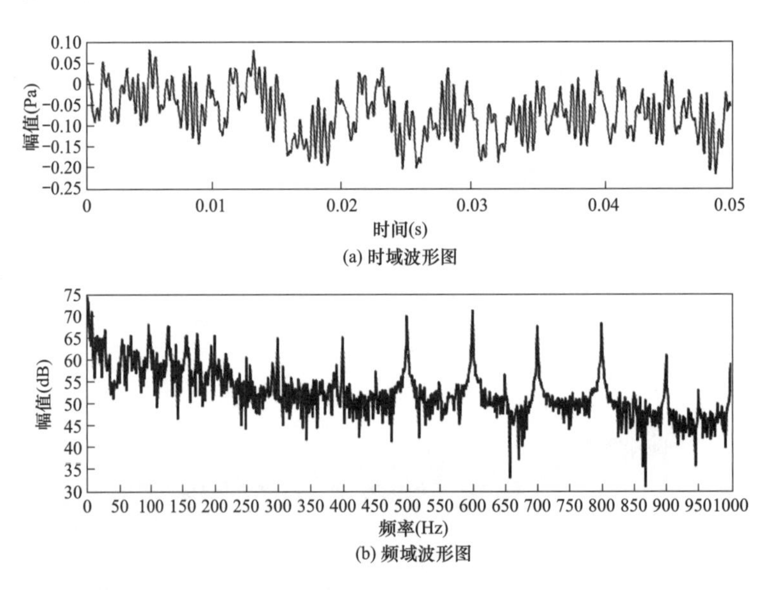

图 3-32　配电柜典型时频图

由时域波形及频谱图形可知，配电柜的噪声主要是频率 500、600、700Hz 和 800Hz 的高频噪声。

4 变电站噪声测量技术

要实现对变电站噪声评价和控制，首先需要获得变电站的噪声数据，必须对噪声进行测量，再通过对测量数据的计算与分析，对变电站的噪声状态做出科学的评估，为进一步噪声控制方案提供支持。

4.1 测量对象调查

对变电站进行现场调查的主要目标是理清变电站所处的位置、变电站内主要电力设备的分布，确定主要的噪声源、主要的厂界范围、周边环境等其他噪声源、变电站受影响的敏感点位置等信息，确定主要的声传播路径，为初步测量方案收集基础信息。某室外变电站现场如图 4-1 所示。

对于室内变电站（如图 4-2 所示）来说，抽风机的噪声是主要噪声源之一；同时，高压输电线和部分设备的电晕也会造成噪声；高压断路器分合闸操作及其各类液压、气压、弹簧操动机构储能电机运转时的声音也是间断存在的噪声源。

图 4-1　室外变电站

图 4-2　室内变电站

变电站主控室、保护室也存在噪声源。第一类是空调运转的噪声；第二类是灯具整流器发出的噪声；第三类是音响信号和报警信号产生的噪声；第四类是室内其他可能存在的设备振动产生的噪声。

对于变电站噪声测量来说，除了要测量出变电站内主要设备的声学量以外，还要对变电站附近环境敏感区进行噪声测量，用来评价变电站噪声对周围居民产生的影响大小。也就是说，除了要调查变电站内各主要噪声设备（见图 4-3）的布置情况以外，还要调查附近敏感区建筑物的分布情况，如居民区，办公区，学校等建筑区域。测量时需要在这些声环境敏感区进行测量，根据测得的数据分析是否符合声环境国家标准。

图 4-3　电容器、隔离开关及接地开关等

4.2　声环境测量标准

进行声环境测量的目的是掌握评价范围内的声环境质量现状，声环境敏感目标和人口分布情况，为声环境现状评价和预测评价提供基础资料，也为管理决策部门提供声环境质量现状情况，以便与项目建设后的声环境影响程度进行比较和判别。在进行变电站噪声测量时，除了需要测量变电站内主要的噪声源以外，还需要对周围的建筑区进行测量，以此评价变电站噪声对周围环境的影响程度。

当对变电站附近区域进行声环境现状调查时，需要符合国标 GB 3098—2008 的规定：监测点的覆盖应包含整个声环境区域，当敏感目标的高层建筑时，需要在不同的高度进行测点覆盖。对于变电站来说，噪声源属于固定声源，现状监测点应布置在距声源距离不同的敏感目标，重点布置在受声源影响明显的敏感目标处，必要时可在距声源不同距离处设衰减监测断面。

（1）气象条件。测量应在无雨雪、无雷电天气，风速 5m/s 以下时进行。

（2）测量时段。应在声源正常运转或运行工况的条件下测量；每测一点，应分别进行昼间、夜间的测量；对于噪声起伏较大的情况，应根据情况增加昼夜间测量次数，必要时进行全天 24h 监测。

（3）测量仪器。测量仪器精度为 2 型及 2 型以上的积分平均声级计或环境噪声自动监测仪器，其性能需符合 GB 3785《电声学　声级计　第 1 部分：规范》和 GB/T 17181《积分平均声级计》的规定，并定期校验。测量前后使用声校准器校准测量仪器的示值偏差不得大于 0.5dB，否则测量无效。声校准器应满足 GB/T 15173《电声学　声校准器》对 1 级或 2 级声校准器的要求，测量时传声器应加防风罩。

（4）测点选择。根据监测对象和目的，可选择以下三种测点条件（指传声器所置位置）

进行环境噪声的测量。对于一般户外，距离任何反射物（地面除外）至少 3.5m 外测量，距地面高度 1.2m 以上。必要时可置于高层建筑上，以扩大监测受声范围。使用监测车辆测量，传声器应固定在车顶部 1.2m 高度处。对于噪声敏感建筑物户外，在建筑物外距墙壁或窗户 1m 处，距地面高度 1.2m 以上。对于噪声敏感建筑物室内，距离墙面和其他反射面至少 1m，距窗约 1.5m 处，距地面 1.2～1.5m 高。

（5）环境功能区监测。

1）定点监测法，选择能反映各类功能区声环境质量特征的监测点 1 至若干个，进行长期定点监测，每次测量的位置、高度应保持不变。对于 0、1、2、3 类声环境功能区，该监测点应为户外长期稳定、距地面高度为声场空间垂直分布的可能最大值处，其位置应能避开反射面和附近的固定噪声源；4 类声环境功能区监测点设于 4 类区内第一排噪声敏感建筑物户外交通噪声空间垂直分布的可能最大值处。声环境功能区监测每次至少进行一昼夜 24h 的连续监测，得出每小时及昼间、夜间的等效声级 L_{eq}、L_d、L_n 和最大声级 L_{max}。用于噪声分析目的时，可适当增加监测项目，如累积百分声级 L_{10}、L_{50}、L_{90} 等。监测应避开节假日和非正常工作日。各监测点位测量结果独立评价，以昼间等效声级 L_d 和夜间等效声级 L_n 作为评价各监测点位声环境质量是否达标的基本依据。一个功能区设有多个测点的，应按点次分别统计昼间、夜间的达标率。

2）普查监测法。对于 0～3 类声环境功能区，将要普查监测的某一声环境功能区划分成多个等大的正方格，网格要完全覆盖住被普查的区域，有效网格总数应多于 100 个。测点应设在每一个网格的中心，测点条件为一般户外条件。监测分别在昼间工作时间和夜间 22：00～24：00 进行。在前述测量时间内，每次每个测点测量 10min 的等效声级 L_{eq}，同时记录噪声主要来源。监测应避开节假日和非正常工作日。将全部网格中心测点测得的 10min 的等效声级 L_{eq} 做算术平均运算，所得到的平均值代表某一声环境功能区的总体环境噪声水平，并计算标准偏差。根据每个网格中心的噪声值及对应的网格面积，统计不同噪声影响水平下的面积百分比，以及昼间、夜间的达标面积比例。

4.3 变电站测量方案

在进行变电站噪声测量之前，要考虑到如下问题：

1）为什么要进行测量？也就是要明确测量的目的，是为了得到声学数据，还是为了评价噪声对周围居民的影响，或者是为了控制噪声，降低变电站噪声对附近的影响。

2）测量和仪器必须符合哪些标准，如 ISO 标准或者 GB 标准等。还应该考虑具体的测量技术与测量现场布局等。

3）测量时主要应该测量哪种噪声？对于测量对象一定要把握好，同时还要把握住需要得到哪些数据。

4）选择最合适的仪器进行噪声测量，根据噪声测量的实际场地情况、关心的噪声测量的数据类型以及选择合适的测量仪器。

5）选择仪器后，一定要检查并校准整个仪器装置，没有校准的仪器设备测出的数据是不可信的。

6）绘制所测变电站的结构布局草图，将所有仪器分配到个人并记下每个人的测量任务。

7）注意测量情况、噪声源、传声器以及任何反射面或其他影响测量的重要表面的位置。

8）注意气象条件，包括风向和强度、温度和湿度等。如遇恶劣天气，应立即停止测量。

9）测量背景噪声水平。

10）测量噪声，记下相关设备在测量时的设置。

11）日志记载测量过程，包括对设备所做的调试，在测量过程中发生的任何突发性事件。

基于上述考虑的内容，在进行变电站噪声测量之前应先做好测量方案，明确测量的目标，合理分配好参与测量的成员的任务。通过对测量方案的提前制定，更加明确测量任务，从而保证测量活动能够顺利进行。

一份典型的变电站测量方案应包含的内容如图 4-4 所示。

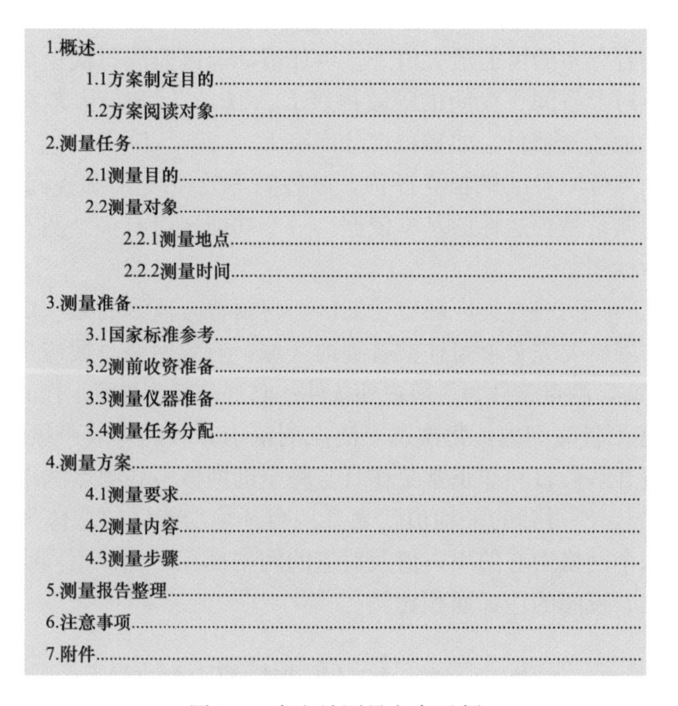

1.概述……
1.1方案制定目的……
1.2方案阅读对象……
2.测量任务……
2.1测量目的……
2.2测量对象……
2.2.1测量地点……
2.2.2测量时间……
3.测量准备……
3.1国家标准参考……
3.2测前收资准备……
3.3测量仪器准备……
3.4测量任务分配……
4.测量方案……
4.1测量要求……
4.2测量内容……
4.3测量步骤……
5.测量报告整理……
6.注意事项……
7.附件……

图 4-4　变电站测量方案示例

4.4　噪声测量系统的组成

4.4.1　测量系统的结构

在对物理量进行测量时，要用到专业的测量装置和仪器，这些装置和仪器对被测的物理量进行传感、转换与处理、传送、显示、记录以及存储，就组成了测量系统。测量系统可实现以下功能：

1）确定所使用的数据是否可靠；

2）评估新的测量仪器；

3）对两种不同的测量方法进行比较；

4）对可能存在问题的测量方法进行评估；

5）确定并解决测量系统误差问题。

测量系统的工作过程是：①测量被测信号；②被测信号通过传感器以后，使传感器内部发生变化，通常是位移或者形变，内部零件的位移或形变使得传感器输出的电信号发生变化，即将被测信号转换为电信号；③电信号经过中间装置处理以后，转换成能够直接观察的信号，并呈现在显示记录装置上。图 4-5 所示是一个完整的测量系统。

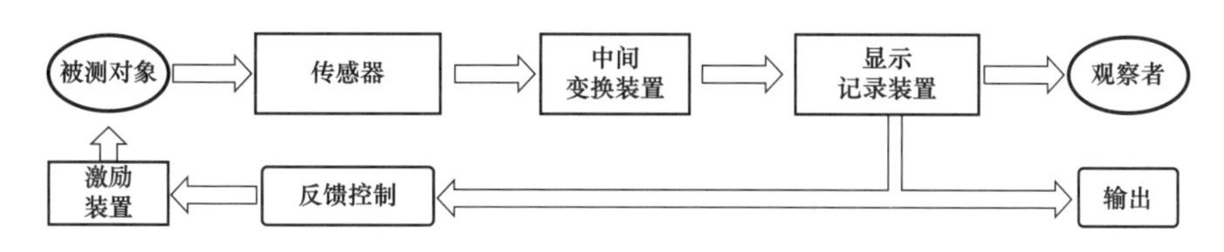

图 4-5　测量系统示意图

图 4-6 所示是一个噪声测量系统的结构图，其各部分作用如下：

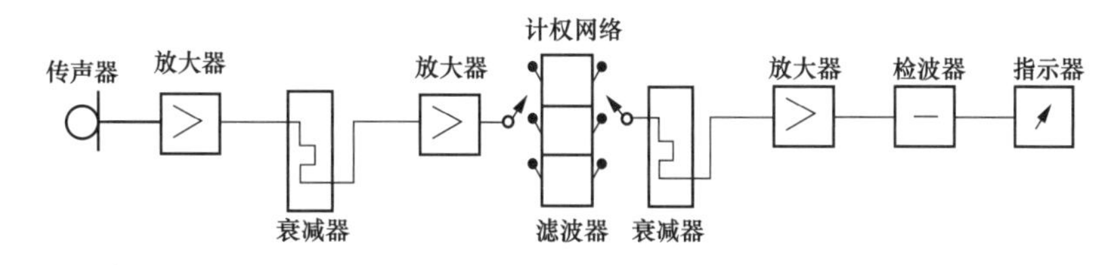

图 4-6　噪声量试系统结构图

（1）传声器。传声器是把声压信号转变为电信号的装置，也称为麦克风。常见的传声器有晶体式、驻极体式、动圈式和电容式等多种形式。动圈式传感器由振动膜片、可动线圈、永久磁铁和变压器等组成。振动膜片受到声波压力以后开始振动，并带动着和它装在一起的可动线圈在磁场内振动，以产生感应电流。该电流根据振动膜片受到的声波压力的大小而变化。声压越大，产生的电流就越大；声压越小，产生的电流也越小。

在使用传声器的时候，有以下事项需要注意：

1）当把传感器连接到其他设备时，须确保所有设备处于关闭状态；

2）传声器操作应仔细，让膜片远离灰尘和其他物体；

3）不能触摸传声器膜片；

4）打开前端电源的时候不要安装传感器；

5）连接传感器、延长电缆和输入端口的时候需要细心谨慎；

6）不要将仪器暴露在过度潮湿、过冷和过热的环境中；

7）传感器不用的时候须放置在干燥的地方加以保存；

8）使用前应先校准，合格后再使用，减小数据误差。

（2）放大器。放大器包括输入和输出两组。对放大器的要求是：①在音频范围内响应平直，有足够低的本底噪声，精密级声级计的声级测量精度一般在 24dB；②具有较高的输入阻抗和较低的输出阻抗，并有较小的线性失真。

（3）衰减器。声级计的量程范围较大（25～130dB），但是检波器和指示器没有这么大的量程范围，就需要设置衰减器，将接受的强信号给予衰减，以免放大器过载。衰减器分输入和输出两组，输入衰减器位于输入放大器之前，输出衰减器位于输出放大器之前。为了提高信噪比，一般测量时应尽量将输出衰减器调至最大挡，在输入放大器不过载的前提下将输入衰减器调至最小衰减挡，使输入信号与输入放大器的电噪声的差值尽可能大。

（4）滤波器。声级计中的滤波器包括 A、B、C、D 计权网络和 1/1 倍频程或 1/3 倍频程滤波器，其中 A 计权声级应用最为普遍。滤波器的作用是对噪声进行详细分析，了解噪声的具体情况，从而为噪声治理提供合理的数据支持。

4.4.2 可编程式噪声测量系统

基于 LabVIEW 软件开发平台的噪声测量系统是可编程式噪声测量系统，是结合数据采集模块、传感器以及计算机构建的测量系统。其实质是在以计算机为核心的硬件平台上，由用户自定义测量功能、由测量软件实现的一种计算机仪器系统。该系统利用 I/O 接口设备完成信号的采集与控制；利用计算机显示器的显示功能来模拟传统仪器的控制面板，以多种形式表达输出结果；利用计算机软件功能实现信号数据的运算、分析和处理，从而完成各种测量功能。

基于 LabVIEW 的噪声测量系统结构如图 4-7 所示，通过传感器拾取被测变压器多个测点的传感器信号，将传感器接收的信号转换为电信号；数据采集（DAQ）实现模拟信号与数字信号的相互转换；虚拟仪器对该信号进行分析处理。测量系统从采集模块或存盘资料中获得数据，对全部数据进行时域和频域分析，并显示相应的时域图和频域图；并可做滤波分析，实现声卡信号采集、波形显示、频谱分析及滤波器的功能。

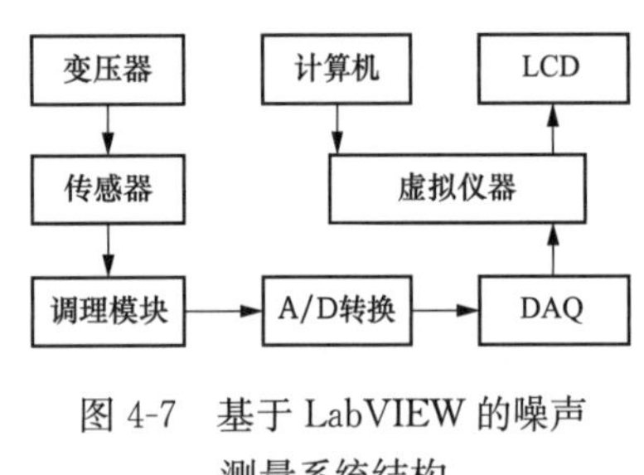

图 4-7 基于 LabVIEW 的噪声测量系统结构

这种基于虚拟仪器技术的噪声测量系统，通过信号采集模块实现噪声信号输入，利用数据通信接口将噪声数据传送给计算机，然后由软件实现信号处理，最后通过应用程序实现噪声数据显示、保存、管理、测量分析和远程控制等功能。这种虚拟技术能够帮助用户轻松构建满足用户个性化定制的噪声测量系统，根据实际需求增删功能，极大地方便了实际中的工程测量。

4.5 变电站噪声测量仪器

4.5.1 声级计

声级计是最基本的噪声测量仪器，它是一种电子仪器，但又不同于电压表等客观电子仪表。声级计在把声信号转换成电信号时，可以模拟人耳对声波反应速度的时间特性；具有对高低频有不同灵敏度的频率特性以及不同响度时改变频率特性的强度特性。常见的声级计如图 4-8 所示。

声级计是根据国际标准和国家标准，按照一定的频率计权和时间计权测量声压级的仪器。根据声级计整机灵敏度不同，声级计可分为普通级和精密级两类，如表 4-1 所示。普通声级计对传声器要求不太高，动态范围和频响平直范围较狭窄，一般不配置带通滤波器相联用。精密声级计的传声器要求频响宽，灵敏度高，长期稳定性好，且能与各种带通滤波器配合使用，放大器输出可直接和电平记录器、录音机相连接，可将噪声信号显示或储存起来。

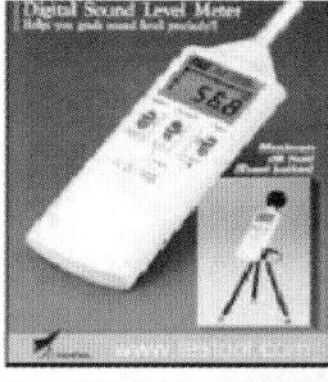

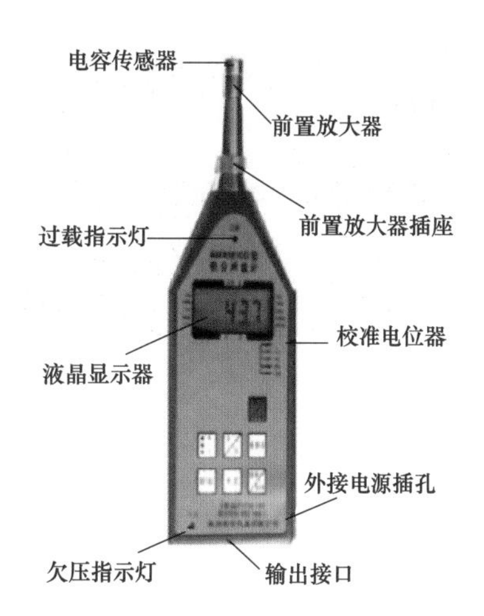

图 4-8　各种声级计

表 4-1　　声级计分类

等级	精密级			普通级
类型	0	Ⅰ	Ⅱ	Ⅲ
精度（dB）	±0.4	±0.7	±1.0	±1.5
用途	实验室标准仪器	声学研究	现场测量	检查、普查

根据测量对象的不同，声级计又可以分为测量指数时间计权声级的常规声级计、测量时间平均声级的积分平均声级计和测量时间暴露的积分声级计。

常规声级计操作简单、价格便宜，通常只显示瞬时声级和最大声级。测量值由数字显示，通常不带数据存储和打印功能，用于一般噪声测量。

积分平均声级计是一种直接显示某一测量时间内被测噪声的时间平均声级即等效连续声级（L_{eq}）的仪器，通常由声级计及内置的单片计算机组成，除了可以预置测量时间外，还能显示等效连续声级（L_{eq}）、声暴露级（L_{AE}）和测量经历时间。主要用于环境噪声的测量和工厂噪声测量，尤其适宜作为环境噪声超标排污收费使用。

积分声级计又叫声暴露计，其结构功能和积分平均声级计类似，用于测量声暴露，主要用于评价噪声对人耳的损伤影响。

4.5.2　校准器

在测量噪声之前，还需要对声级计进行校准，以使测量更准确。常用的声级计校准仪器有活塞发声器和声级校准器。

（1）活塞发声器。活塞发声器由一个振动频率和振幅已知的圆柱形活塞，在一个小腔中往复运动产生已知声压。活塞一端装有圆柱形活塞，活塞用凸轮或者弯曲轴推动做正弦运动，测定活塞运动的振幅就可以求出腔内声压的有效值。活塞另一端用来装待校传声器。实验室用的活塞发声器的准确度可达±0.12dB。

活塞发声器是标准声源之一，适用于低频时标准传声器。在频率为 250Hz、声压级为 124dB 时，其准确度可以达到 0.2dB。

（2）声级校准器。声级校准器是一种当耦合到规定型号和结构的传声器上时，能在一个或多个规定频率上产生一个或多个已知声压级的装置，如图 4-9 所示。它有两个主要用途：

图 4-9　声级校准器

①测定规定型号的结构的传声器的声压灵敏度；②检查或调节声学测量装置或系统的总灵敏度。使用时，振荡器的输出馈送给压电元件，带动膜片振动并在耦合腔内产生 1000Hz 的 1Pa 声压（94dB），准确度可达±0.3dB。

声级校准器和活塞发声器的对比如表 4-2 所示。

表 4-2　　活塞发声器和声级校准器的对比

校准器 \ 不同点	活塞发声器	声级校准器
产生声压级	250Hz、124dB	1000Hz、94dB
准确度等级	1 级或 0 级	2 级或 1 级
适用声级计	1 级声级计需使用 1 级或 0 级声校准器校准； 2 级声级计需使用 2 级或 1 级声校准器校准	
	1 级声级计	1 级或 2 级声级计

4.5.3　主要附件

在噪声测量中，为了得到更加精确的测量数据，需要根据环境的复杂性使用一些附件，如防风罩、鼻型锥及延长电缆等。

防风罩是在测量气流噪声或户外噪声时，为防止传声器因气体湍流干扰以及静压力改变而影响其频响特性，在传声器上所罩的风罩。防风罩如图 4-10 所示，通常可降低 10～20dB 的影响。

若要在高速气流中测量噪声，应在传声器上装配鼻形锥，使锥的尖端朝向来流，从而降低气流扰动产生的影响。鼻形锥如图 4-11 所示。

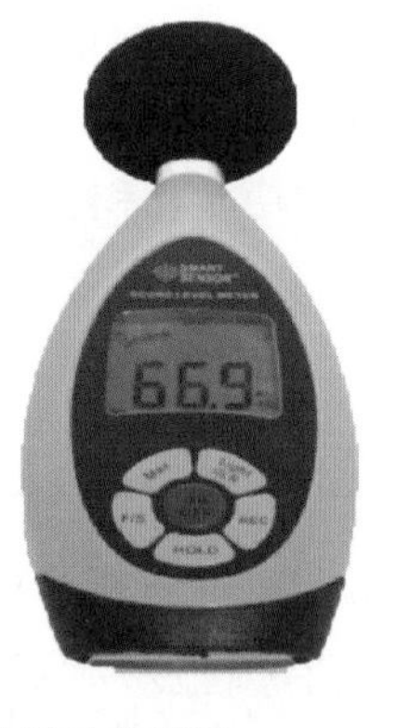

图 4-10　防风罩和加装防风罩的声级计

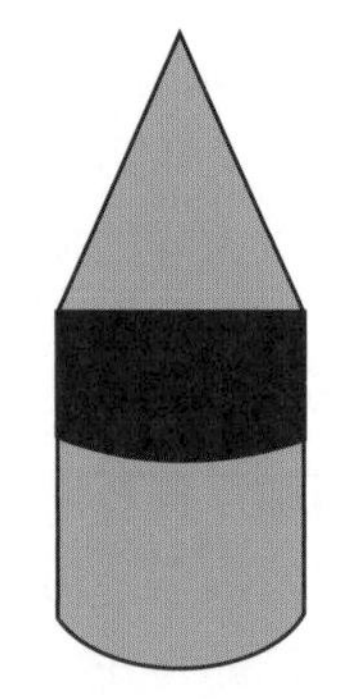

图 4-11　鼻形锥

当测量精度要求较高或在某些特殊情况下，可用延伸电缆连接电容传声器和声级计。延伸电缆长几米至几十米，其衰减很小，通常可以忽略。但是如果接头与插座接触不良，将会带来较大的衰减，因此需要对连接电缆后的整个系统用校准器再次校准。加装延伸电缆的声级计如图 4-12 所示。

4.5.4 可编程式测量仪器

基于 LabVIEW 程序开发，将噪声测量硬件设备和电脑端软件程序连接起来的可编程式测量仪器（见图 4-13），是现代噪声测量中更好的选择。LabVIEW 内置函数用来测量各种数据的工具包，使用起来十分方便。在变电站噪声测量中，可以直接使用 LabVIEW 调用相关函数，组成一个完整的测量程序。在这个程序中可以根据自己的需要，随意选择需要获取的量，如在根据需要设置输出端频谱、时域信号的输出等。

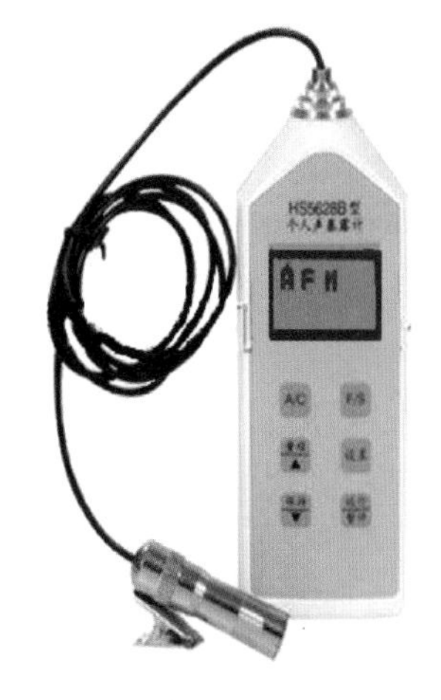

图 4-12　加装延伸电缆的声级计

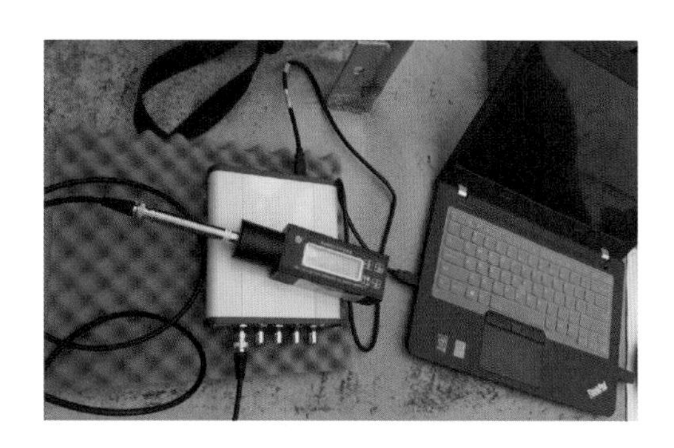

图 4-13　基于 LabVIEW 的噪声测量仪器

4.6　测量仪器的校准

声压测量需要使用一个已知灵敏度的传声器进行，要保证传声器测量结果的准确，需要用一个标准声源来了解声压传感器是否处于正常工作状态。因此传声器的校准在声学测量中占据了相当重要的地位。

在每次测量前，都需要对测量用的仪器进行校准。声级计校准是将校准器和被测仪器的传声器部位耦合一起，然后启动校准器，等待测试仪器上出现稳定的数字。图 4-14 显示的是采用 LABVIEW 的测量系统对传声器进行声学校准，标准的声源信号声压级为 94dB，软件显示的声压级为 93.97dB，说明校准无误。当测试前后校准差大于 0.5dB 时，测试结果无效。

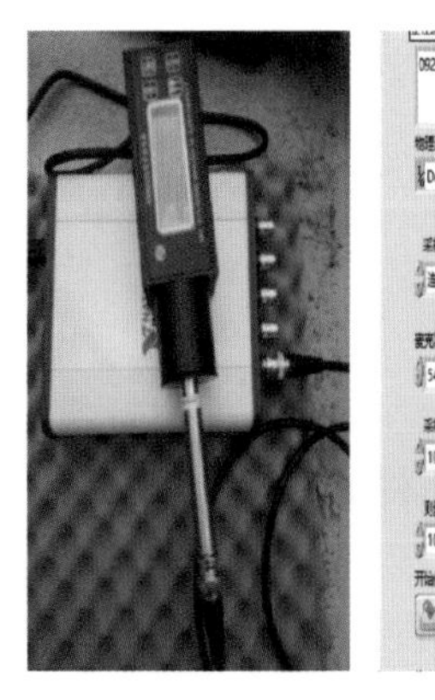

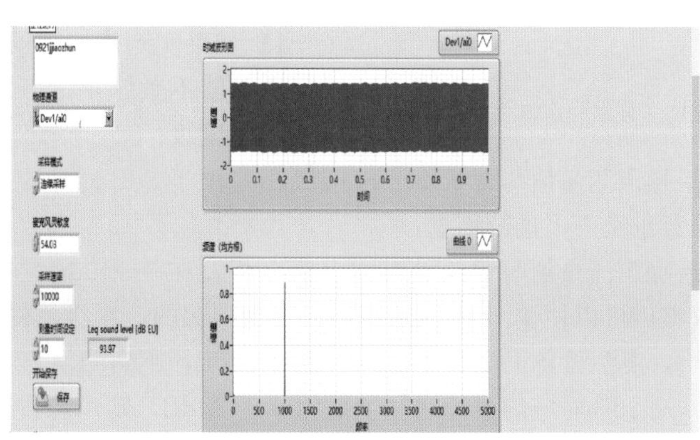

图 4-14　声级计校准

4.7　背　景　噪　声

4.7.1　背景噪声的测量

背景噪声一般指在发生、检查、测量或记录系统中与信号存在与否无关的一切干扰，也就是指被测量噪声源以外的声源发出的环境噪声的总和。

背景噪声对于测量结果有很大影响。变电站所处的环境一般比较复杂，对于变电站噪声测量来说，除了测量对象以外的其他声源发出的声音就属于背景噪声。例如在测量主变压器噪声时，附近车辆的鸣笛声或者建筑工地的施工声就为背景噪声。

进行背景噪声测量时，要求测量环境不受被测声源影响且其他声环境与测量被测声源时保持一致，测量时段与被测声源测量的时间长度相同。在具体测量过程中，在某一监测点所测得的测量值是由被测声源排放的噪声与其他环境背景噪声的合成值。如果测量值符合相应区域标准要求，可以不考虑背景噪声的影响，注明后直接进行评价。如果测量值超标，就应当考虑背景值对测量值的影响，进行必要的修正。这就需要正确地测量背景值。背景噪声可以采用直接法和间接法方法进行测量。

直接测量法。如果被测声源能够停止排放，背景值测量应选择与测量值测量在同一位置，测量时间选择与测量值测量时间间隔较短时测量；如果被测声源不能够停止排放，则等待被测声源能够停止排放时，选择与测量值测量同一位置，测量时段与测量值测量时段相近时测量。

间接测量法。当直接测量法中规定的条件难以满足时，背景值测量可选择在与测量值测量不同位置，但其声环境应与测量值测量位置声环境相似的背景参考点测量。

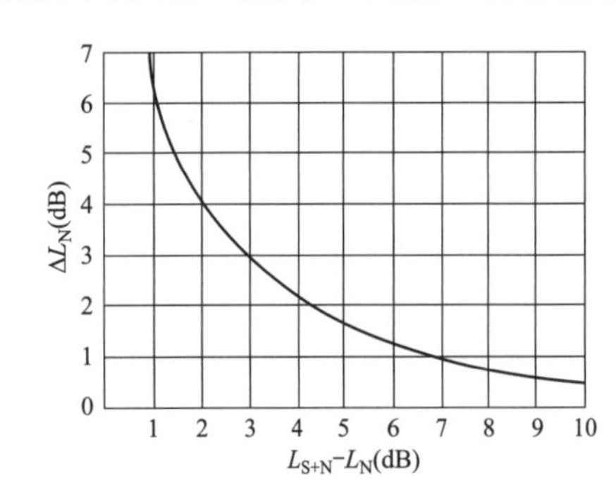

图 4-15　背景噪声修正曲线

背景噪声对实际测量的噪声水平的影响可以用图 4-15 中的曲线图来进行表示。图中 L_N 表示背景噪声的声压级，L_{S+N}表示现场实测的声压级，$L_{S+N}-L_N$ 是实测值与背景噪声声压级差值，ΔL_N 是声压级修正值，则声源的真实声压级 L_S 可以通过实测值和修正值得到。GB 12348—2008《工业企业厂界环境噪声排放标准》规定：

1）如果实测值与背景噪声声压级差值大于 10dB，噪声测量值不做修正，声压级实测值可以认为是声源设备的声压级；

2）如果噪声测量值与背景噪声声压级相差小于 3dB 时，应采取措施降低背景噪声或者在更安静的背景噪声下进行测量；

3）如果噪声测量值与背景噪声值声压级相差在 3～10dB 之间，噪声测量值与背景噪声值的差值取整后可以使用图 4-15 来修正，得到声源的声压级。例如：某次测量，背景噪声声压级为 22dB，声源设备工作时实测声压级为 30dB，则实测值与背景噪声声压级差值为 8dB，查图 4-15 可知 8dB 对应的声压级修正值为 0.7494dB，则声源设备的真实声压级为实测值减去修正值，即：30－0.7494＝29.25（dB）。

4.7.2 背景噪声的修正

对背景噪声的修正，GB 12348—2008《工业企业厂界环境噪声排放标准》有如下规定：

1）噪声测量值与背景噪声值相差大于10dB（A）时，噪声测量值不做修正；

2）噪声测量值与背景噪声值相差在3～10dB（A）之间时，噪声测量值与背景噪声值的差值取整后，按表4-3进行修正；

表4-3 测量结果修正表 dB（A）

差值	3	4～5	6～10
修正值	−3	−2	−1

3）噪声测量值与背景噪声值相差小于3dB（A）时，应采取措施降低背景噪声后，视情况按前面的规定执行；仍无法满足要求的，应按环境噪声监测技术规范的有关规定执行。

4.8 变电站噪声测量实施方法

4.8.1 声源噪声测量

变电站噪声测量需要考虑声源噪声测试、厂界噪声测试以及敏感点噪声测量。

声源噪声测量需要严格按照标准，仔细区分不同声源类型，确定最合适的声源噪声测量方法。测量中需要先确定基准发射面和规定轮廓线，再规定轮廓线所在处，就是传声器布置的地方，即测点所在处。

（1）基准发射面。基准发射面的定义与所采用的冷却设备的类型和变压器的相对位置有关。基准发射面用来确定测量轮廓线的位置。

对于带或不带冷却设备的变压器、带保护外壳的干式变压器及保护外壳内装有冷却设备的干式变压器，基准发射面是指由一条围绕变压器的弦线轮廓线，从箱盖顶部（不包括高于箱盖的套管、升高座及其他附件）垂直移动到箱底所形成的表面（见图4-16、图4-17）。基准发射面应将距变压器油箱距离小于3m的冷却设备、箱壁加强铁及诸如电缆盒和分接开关等辅助设备包括在内（见图4-18），而距变压器油箱距离小于3m及以上的冷却设备则不包括在内。其他部件，如套管、油管路和储油柜、油箱或冷却设备的底座、阀门、控制柜及其他次要附件也不包括在内。

对于距变压器基准发射面距离为3m及以上的分体式安装的冷却设备，基准发射面是指由一条围绕设备的弦线轮廓线，从冷却设备顶部垂直移动到其有效部分底面所形成的表面，但不包括储油柜、框架、管路、阀门及其他次要附件。

对于无保护外壳的干式变压器，基准发射面是一条围绕干式变压器的弦线轮廓线，从变压器顶部垂直移动到其有效部分底面所形成的表面，但不包括框架、外部连线和接线装置以及不影响声发射的附件。

（2）规定轮廓线。轮廓线的位置就是测量时传声器的摆放位置。对轮廓线的位置有以下规定：

1）在风冷设备（如果有）停止运行条件下进行声级测量时，规定的轮廓线应距基准发射面0.3m，但对无保护外壳的干式变压器，由于安全的原因，该距离应选为1m；在风冷设备投入运行条件下进行声级测量时，规定的轮廓线应距基准发射面2m。

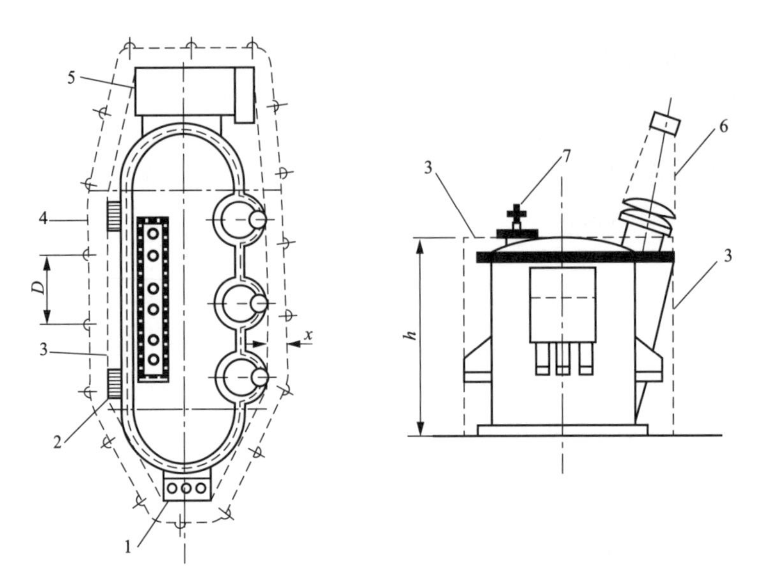

图 4-16　不带冷却设备的变压器基准发射面、轮廓线及测点位置

1—第三（绕组）套管；2—加强铁与千斤顶支架；3—基准发射面；4—规定轮廓线；5—有载分接开关；6—高压套管；7—低压套管；D—传声器间距；h—油箱高度；x—测量距离

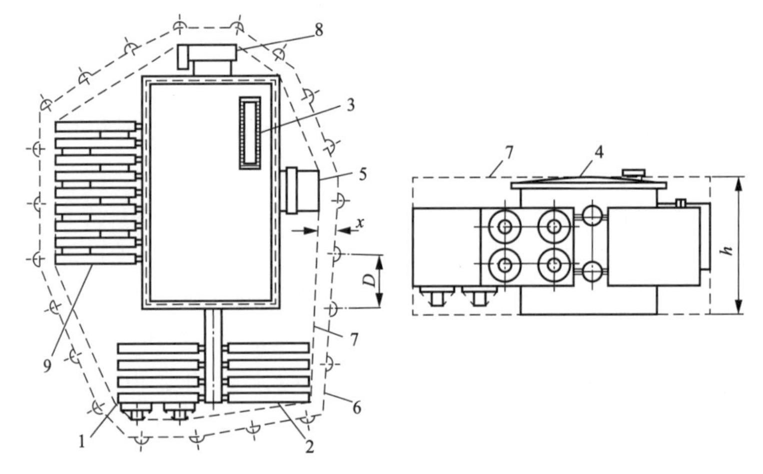

图 4-17　带冷却设备的变压器基准发射面、轮廓线及测点布置

1—水平风冷却设备；2—自然冷却设备；3—升高座；4—油箱；5—电缆盒；6—规定轮廓线；7—基准发射面；8—有载分接开关；9—垂直风冷却设备；D—传声器间距；h—油箱高度；x—测量距离

2）对于油箱高度小于 2.5m 的变压器，规定轮廓线应位于油箱高度 1/2 处的水平面上；对于油箱高度为 2.5m 及以上的变压器，应有两个轮廓线，分别位于油箱 1/3 处和 2/3 处的水平面上，但若考虑安全因素，则应选择位于油箱高度更低处的轮廓线。

3）在仅有冷却设备工作条件下进行声级测量时，若冷却设备总高度（不包括储油柜、管路等）小于 4m，则规定轮廓线应位于冷却设备总高度 1/2 的水平面上；若冷却设备总高度（不包括储油柜、管路等）为 4m 以上，应有两个轮廓线，分别位于冷却设备总高度 1/3 处和 2/3 处的水平面上，但若考虑安全因素，则应选择位于冷却设备总高度更低处的轮廓线。

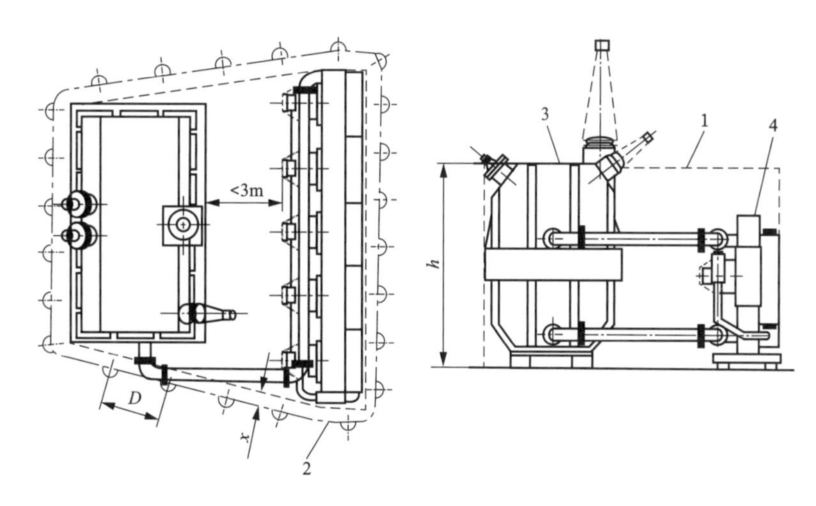

图 4-18　冷却设备小于 3m 的基准发射面、轮廓线及测点

1—基准发射面；2—规定轮廓线；3—变压器油箱；4—风冷却设备；D—传声器间距；h—油箱高度；x—测量距离

（3）测点位置。在变电站噪声测量中对测点的选取，应该遵循相关国家标准，声源测点根据 GB/T 1094.10—2003《电力变压器　第 10 部分：声级测定》中关于声源测点选取的内容；厂界测点参考 GB 12348—2008《工业企业厂界环境噪声排放标准》中对厂界噪声测点的规定；敏感点测点的布置要求参考 GB 3096—2008《声环境质量标准》。总体而言，厂界和敏感点的测点布置相对简单，下面主要介绍声源测点的布置方法。

弄清楚基准发射面，确定好轮廓线以后，就可以按照标准放置传声器。传声器位置称为测点，各个测点应位于规定轮廓线上，彼此间距大致相等，且间隔不得大于 1m，至少应设有 6 个测点。

对于室内站和室外站的测试，测点的选择有不同的规定。

1）室内测量。由于室内测量会受反射面的影响，因而在室内测量时需要考虑环境修正值 K。K 主要取决于室内吸声面积 A 对测量表面积 S 的比值，即

$$K = 10\lg\left(1 + \frac{4}{A/S}\right) \tag{4-1}$$

式中：S 是测量对象表面积，m^2。

A 可以由式（4-2）求出：

$$A = \alpha S_v \tag{4-2}$$

式中：α 表示吸声系数，见表 4-4；S_v 表示室内总表面积，m^2。

表 4-4　　平均吸声系数近似值

房间状况	平均吸声系数 α
具有混凝土、砖、灰泥或瓷砖构成的平滑硬墙且近似于全空的房间	0.05
具有平滑墙壁的局部空着的房间	0.1
有家具的房间、矩形机器房、矩形工业厂房	0.15
形状不规则的有家具的房间、形状不规则的机器房或工业厂房	0.2
具有软式家具的房间、天棚或墙壁上铺设少量吸声材料（如部分吸声的天棚）的机器房或工业厂房	0.25
天棚和墙壁铺设吸声材料的房间	0.35
天棚和墙壁铺设大量吸声材料的房间	0.5

环境修正值 K 也可以通过查曲线获得，如图 4-19 所示。

2）室外测量。在室外测量时，由于受反射面的影响小，因此 K 值可以近似为 0。在户外进行测量时，应避免在恶劣天气（如温度变化较大、风速变化较快、凝露或高湿度）下进行声级测量。

4.8.2　手持声级计测量

对于噪声测量来说，如果噪声源明确、受环境干扰小，或者说对噪声不需要特别了解的情况下，通常可采用手持式声级计做现场简单测量，如图 4-20 所示，这种方法被称为简易现场测量法。

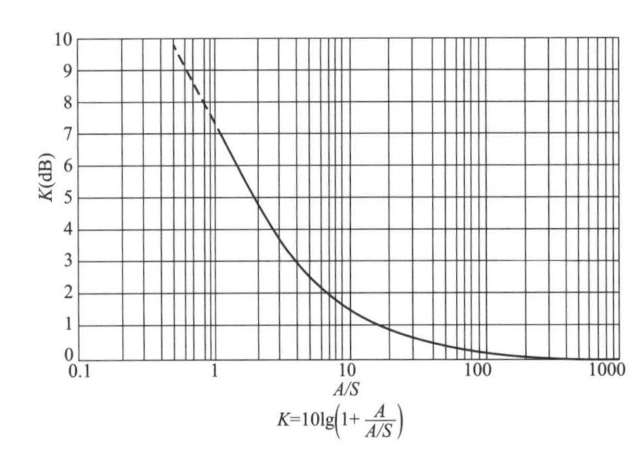

图 4-19　环境修正值 K 曲线

图 4-20　手持式声级计现场测量示意图

简易现场测量法的具体步骤如下：

（1）用声校准器将声级计校准。

（2）确定测点个数：对于一般的设备，通常要选 4 个测量点（设备的前后左右四个方向各一个测点），对于大型设备，通常选 6 个点甚至更多。

（3）确定测点的高度：按照 GB/T 1094.10—2003《电力变压器　第 10 部分：声级测定》规定，小设备为设备高度的 2/3 处；中设备为设备高度的 1/2 处；大设备为设备高度的 1/8 处。

（4）确定测点与被测设备的距离：在对变压器进行测量时，测量点离设备表面为 1m。

（5）测量数据并记录。

4.8.3　可编程传声器测量

实际测量中，由于测量对象和环境非常复杂，采用简单的声级计并不能达到测量的目的，这时就需要通过多通道分析仪连接多个传声器进行现场测量。测量步骤如下：

（1）确定基准发射面，如图 4-21 所示。

（2）在变压器未带电情况下测量背景噪声：

1）画出规定轮廓线，背景噪声测定时距基准发射面 0.3m。

2）在规定轮廓线上均匀分布 10 个背景噪声监测点。

3）在每个测点测量背景噪声时，传声器应在变压器箱体高度的 1/3 和 2/3 处水平面上分别测量。

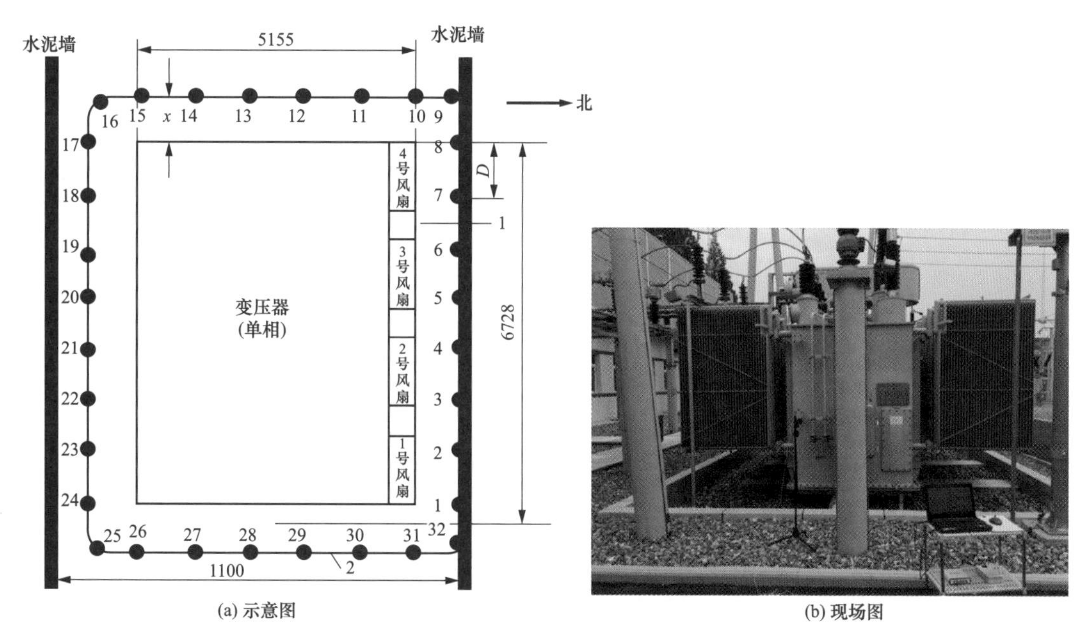

(a) 示意图　　(b) 现场图

图 4-21　变压器声级测量时传声器位置

1—基准发射面；2—规定轮廓线；D—传声器间距；x—测量距离

(3) 在变压器稳定运行状态下进行声级测定：

1) 画出规定轮廓线，被试变压器带电测定时，本体轮廓线距基准发射面为 2.0m，调压补偿变压器轮廓线距基准发射面为 0.3m。

2) 在规定轮廓线上确定 N 个检测点，相邻两个检测点之间的距离不大于 1m。

3) 当被测变压器箱体高度 (h) 超过 2.5m 时，在每个测点处传感器应在变压器箱体高度的 1/3 和 2/3 处水平面上分别进行测量。

(4) 测量完毕后，再次测量背景噪声。

(5) 测量结束后对测量设备进行校准，校准变化不应超过 0.3dB，否则测量结果无效。

(6) 对测量结果进行校核。校核标准见表 4-5。

表 4-5　　校　验　准　则

平均声压级—试验前后的背景噪声的平均声压级较大者	试验前、后的背景噪声的平均声压级之差	结论
≥8dB	—	接受
<8dB	<3dB	接受
<8dB	>8dB	重新测量
<8dB	—	重新测量

4.9　声功率测量方法

4.9.1　声功率法基本概念

以分贝为单位的声压级是定量描述声波的有效参数，但声压级并不能全面描述噪声传播声波的强度及特性，因为它取决于声源和观察者之间的距离以及进行测量的环境。而声功率级数据则不受这些因素影响，因此成为对噪声进行更好评价的选择。

声功率是指单位时间内声波的平均能量，单位为瓦（W），1W=1J/s。若用声功率级表示，则为：

$$L_W = 10\lg\frac{W_A}{W_0} = 10\lg W_A + 120(\text{dB}) \tag{4-3}$$

式中：L_W 为声功率级，dB；W_A 为声源发出的声功率，W；W_0 为基准声功率，取值为 10^{-12}W。声源声功率级的频率特性和指向特性可用声功率级、频率函数或频谱表示。

声功率测试有以下作用：

1）计算在指定环境中运行的机器给定距离处的近似声级；

2）比较相同类型和尺寸的机器传播的噪声以及不同的类型和尺寸机器传播的噪声；

3）确定机器是否符合噪声规范的上限；

4）在工程工作中协助开发低噪声的机械和设备。

为了规范声功率测量，我国先后制定了一系列与测量声功率相关的国家标准（见表4-6），适用于不同的环境测量和不同的测量精度。

表4-6　我国颁布的噪声源声功率测量标准概况

方法分类	标准编号	精度分类	特点	声源体积
声压法	6881.1—2002	精密	混响室精密法	小于混响室体积的1%
	6881.2—2002	工程	硬壁测量室内比较法	小于测量室体积的1%
	6881.3—2002	工程	专用混响室工程法	小于混响室体积的1%
	6882—2008	精密	消声室和半消声室精密法	小于消声室室体积的0.5%
	3767—1996	工程	反射面上近似自由场的工程法	由有效测量环境决定
	3768—1996	简易	反射面上采用包络测量表面	由有效测量环境决定
	16538—2008	简易	标准声源现场比较	无限制
声强法	16404.1—1996	精密	离散点上的测量	由声源尺寸决定
	16404.2—1999	精密	扫描测量	由声源尺寸决定
	16404.3—2006	精密	扫描测量精密法	由声源尺寸决定
振速法	16539—1996	精密	封闭机器测量	无限制

4.9.2　声功率测量法

声功率测量方法有声压法、声强法和振速法；测量环境有自由场法（消声室或半消声室）、混响场法（专用混响室或硬壁测试室）以及户外声场法；从测量精度来看，有精密法、工程法以及简易法。测试时根据实际情况选择合适的方法进行声功率测试。

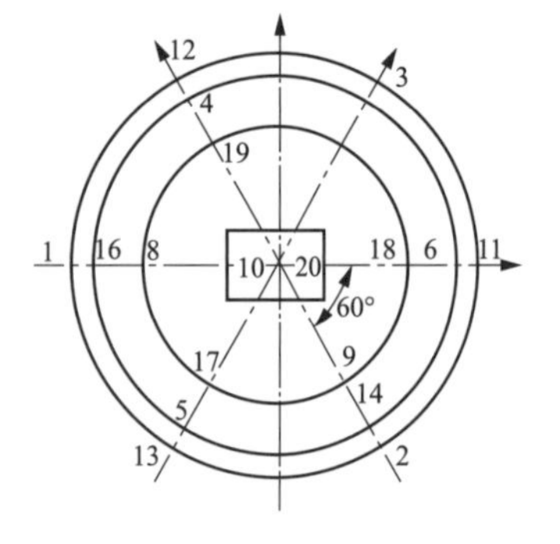

图4-22　自由声场测量声功率的测点位置

（1）自由场和近似自由场。自由场和近似自由场可以看作是户外变电站测量环境，在这种环境下，声音可以自由扩散，反射较少。在消声室测量声功率的，测量传声器阵列的位置采用球面布置，一般在半径为 r 的球面上占有相等面积的20个固定测点获得球面表面的声压级；每一个传声器的位置具有规定的位置坐标，如图4-22所示。表4-7给出了20个测点对应的以声源中心为原点的直角坐标（x，y，z）的位置。

表 4-7　　自由声场声功率测量时的传声器坐标位置

测点	$\frac{x}{r}$	$\frac{y}{r}$	$\frac{z}{r}$	测点	$\frac{x}{r}$	$\frac{y}{r}$	$\frac{z}{r}$
1	−0.99	0	0.15	11	0.99	0	−0.15
2	0.50	−0.86	0.15	12	−0.50	0.86	−0.15
3	0.50	0.86	0.15	13	−0.50	−0.86	−0.15
4	−0.45	0.77	0.45	14	0.45	−0.77	−0.45
5	−0.45	−0.77	0.45	15	0.45	0.77	−0.45
6	0.89	0	0.45	16	−0.89	0	−0.45
7	0.33	0.7	0.75	17	−0.33	−0.57	−0.75
8	−0.66	0	0.75	18	0.66	0	−0.75
9	0.33	−0.57	0.75	19	−0.33	0.57	−0.7
10	0	0	1.00	20	0	0	−1.00

对于半消声室，一般也采用 20 个传声器位置测量，但其坐标位置与消声室的传声器不同；还可以使用单个传声器以同轴圆在多个不同高度的路径连续移动，使不同圆环的面积相等，对声压级做时间和空间的平均，如图 4-23 所示。

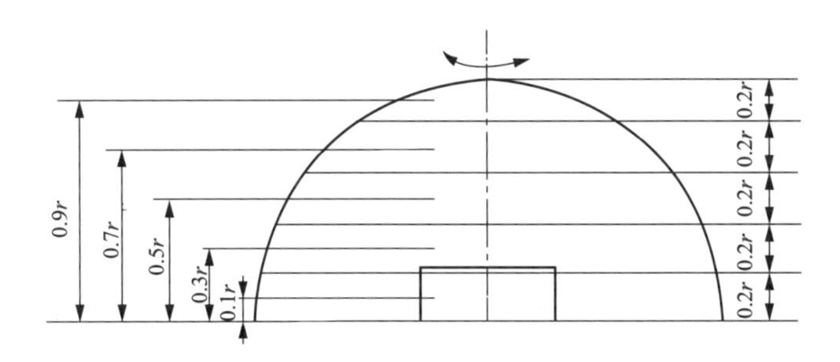

图 4-23　传声器移动的同轴路径

（2）混响室法。混响室的声学环境可以看作是室内变电站的环境。在混响室内，除了非常靠近声源和离开壁面半波长以内的区域，其他区域的扩散声场中的声压级几乎是相同的。

混响室测量声功率的方法主要适用于稳态噪声源，测量获得倍频程或者 1/3 倍频程声功率级、A 计权声功率级，但是不能得到指向性特性。测量时应该使用无规响应型传声器。传声器的位置离墙角和墙边至少为 3λ/4，距离墙面应大于 λ/4（λ 为最低频率声波的波长）；传声器距声源的最小距离大于 1m，使得平均声压级至少要在一个波长的空间内进行。测量位置与噪声源的频谱有关，一般为 3～8 点；如果噪声源有离散声源，则需要增加传声器的测点。

通过测量混响时间来计算混响室的总吸声量，这时的噪声源声功率用下式计算：

$$L_W = \overline{L_P} + 10\lg\frac{V}{T} + 10\lg\left(1+\frac{S\lambda}{8V}\right) - 14 \tag{4-4}$$

式中：$\overline{L_P}$为室内平均声压级；V 为混响室体积，m^3；T 为混响时间，s；λ 为测量频段中心频率的声波波长，m；S 为混响室内表面积的总面积，m^2。

4.10　测量结果数据处理与分析

在噪声测量中，最关注的是特定频率或频率范围内的信号振幅，而不仅仅是整体线性或

A 计权声级。单个频带对整个信号的贡献可以通过在频带中过滤来获得，频带的宽度很大程度上取决于分析结果的最终用途。标准化计权曲线 A、B、C、D 是带宽相对较宽的带通滤波器，其频谱两端的截止频率被专门设计来表示人耳的响应。通常情况下，分析是在非常窄的频带内进行的，理想情况下应该通过相关通带内的所有东西，并过滤掉原始信号中位于其外部的所有成分。其截止频率由相关国际标准严格定义。

噪声信号的分析方法有恒定百分比带宽法和恒定带宽法两种。图 4-24 清楚地显示了两种方法对不同频率下通带宽度的影响。在第一种分析方法中，滤波器带宽是通带中心频率的恒定百分比，无论其绝对值如何，带宽总随着频率的增加而增加。在第二种方法中，滤波器具有恒定的带宽（如 100Hz），完全独立于滤波器调谐到的中心频率。这种技术允许对频谱进行非常详细的分析。

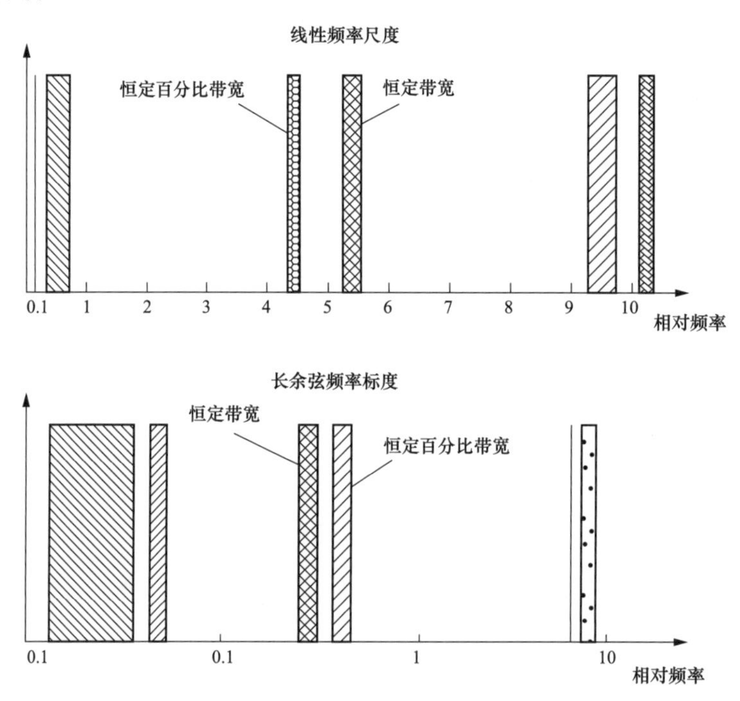

图 4-24　恒定带宽和恒定百分比带宽的不同

恒定百分比带宽分析通常也用于估算人类对环境噪声的主观反应。如飞机噪声通常被分析成 1/3 倍频程频带，根据该频带，按照飞机噪声标准的建议计算感知噪声水平；办公室、教室、剧院以及其他工作和娱乐场所通常会根据倍频程测量结果与噪声标准曲线进行比较。顺序分析所需的时间取决于信号的带宽，因此窄带恒定带宽分析比环境噪声测量中更常见的倍频程或 1/3 倍频程恒定百分比带宽分析要长得多。

进行频率分析时，为了获得一定精度的结果，随着分析带宽的减小有必要增加数据平均的时间。非常窄的带宽分析可能必须在非常长的时间周期内平均以获得足够的精度。因此，在进行冗长的分析之前，明智的做法是确定特定应用所需的频率分辨率和精度，并安排平均时间来达到该值。

4.10.1　声源噪声声压级数据分析

声压级不仅可以直观地表示出噪声水平的高低，还可以根据 A 计权声压级计算出其他很多的声学参数。变压器为变电站中的主要噪声源，了解其噪声特性对于整个变电站的噪声评估具有非常重要的作用。对于每台变压器，依据 GB 1094.10—2003《电力变压器　第 10 部分：声级测定》在所测变压器周边四个面附近布置测点进行测量。图 4-25 是对某变电站噪声测量的测量结果。

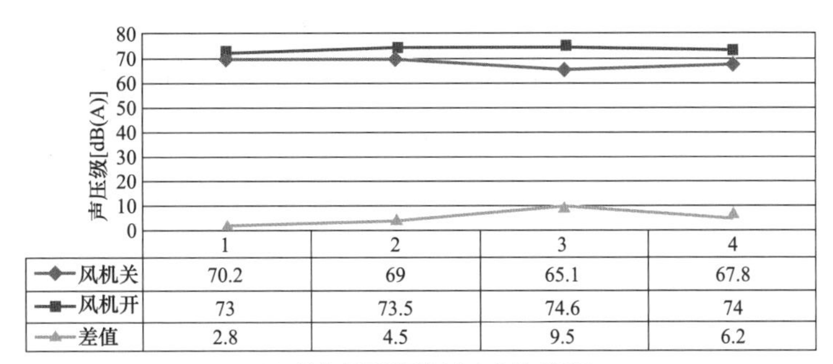

	1	2	3	4
风机关	70.2	69	65.1	67.8
风机开	73	73.5	74.6	74
差值	2.8	4.5	9.5	6.2

(a) 1号主变压器周边4个方向的声压级

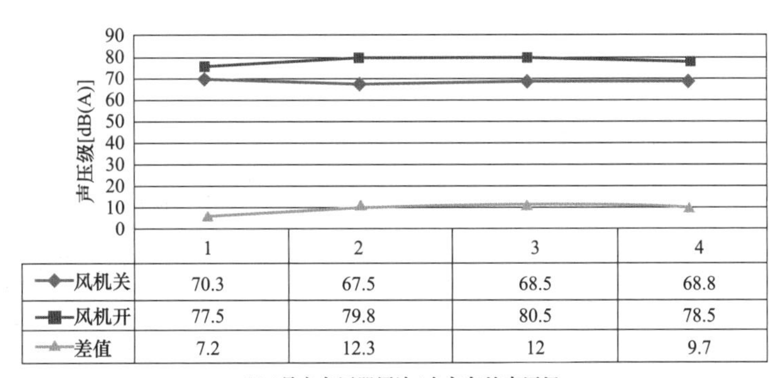

	1	2	3	4
风机关	70.3	67.5	68.5	68.8
风机开	77.5	79.8	80.5	78.5
差值	7.2	12.3	12	9.7

(b) 2号主变压器周边4个方向的声压级

图 4-25　主变压器测点声压级

通过对图 4-25 所示两个变压器的测点比较分析，可以得到以下信息：

1）风机关闭前，两台变压器具有几乎相同的声压级。

2）风机开启后，2 号变压器测点比 1 号变压器测点声压级要高，最大差值为 6.3dB（A)。

3）风机开启前后，风机对两台变压器的影响不一致，1 号变压器最大差值为 9.5dB（A)，2 号变压器最大差值为 12.3dB（A)。

在带有风机作为冷却设备的变电站中，可以很明显地感受到噪声水平比采用油冷却器的高很多。很多室内变电站配有抽风机，抽风机运行也会产生巨大的噪声。

4.10.2　声源噪声频谱分析

对某变电站风机开启前后变压器噪声进行频谱分析，结果如图 4-26 所示。

由图 4-26 可以看出：风机开启前，隔声墙对于高于 400Hz 的声音具有明显的衰减作用，而对于 400Hz 以下的低频噪声则隔声效果不明显；风机开启后，隔声墙对于高于 200Hz 的声音具有明显的衰减作用，而对于 200Hz 以下的低频噪声则隔声效果不明显。

4.10.3　声源声功率计算

若要进一步了解变压器噪声的强度及特性，需对其进行声功率计算。被测对象的 A 计权声功率级 L_{WA} 应根据修正的平均 A 计权声压级 $\overline{L_{pA}}$，利用声压、声功率计算得出：

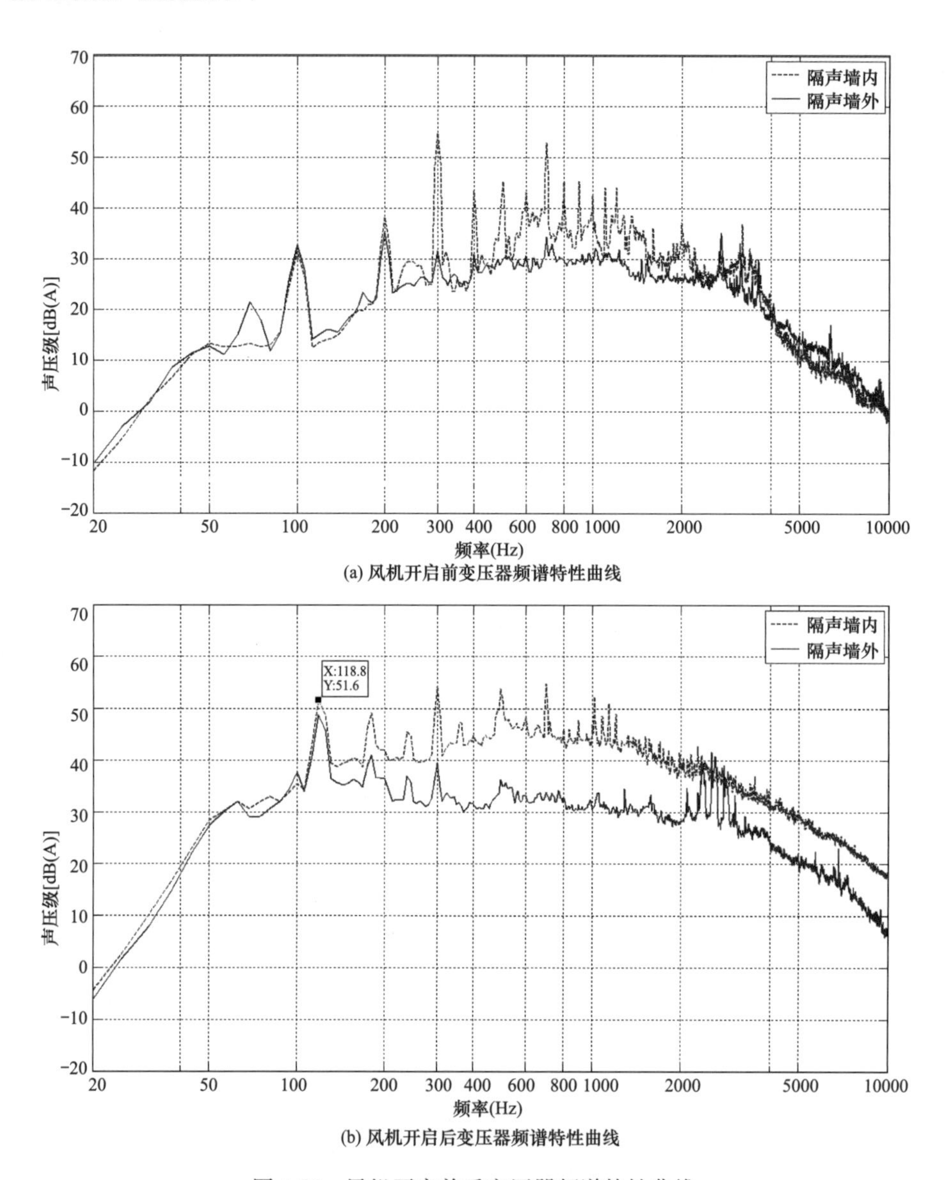

(a) 风机开启前变压器频谱特性曲线

(b) 风机开启后变压器频谱特性曲线

图 4-26　风机开启前后变压器频谱特性曲线

$$L_{WA}=\overline{L_{pA}}+10\log\frac{S}{S_0}-K \tag{4-5}$$

式中：$\overline{L_{pA}}$为一圈测量环线上所有测点的平均声压级；K 为声压修正值，在此可忽略不计；S_0 值为 $1m^2$；S 为等效面积，即测量表面总面积。

4.11　变电站噪声测量案例

4.11.1　户内变电站噪声测量案例

1. 变电站概况

110kV 某变电站西侧与小区共用围墙，南侧围墙与居民区之间的距离约 10m，北侧围墙外为一仓库。本站为户内式变电站，变压器两台，散热风机位于变压器基座下，风机通风口位于变压器室南侧靠近地面处。

2. 测量状况

某年5月5日，研究人员对变电站现场进行了实地勘察，通过B&K噪声测量系统对现场声环境进行测量。主要测点位置如图4-27所示。

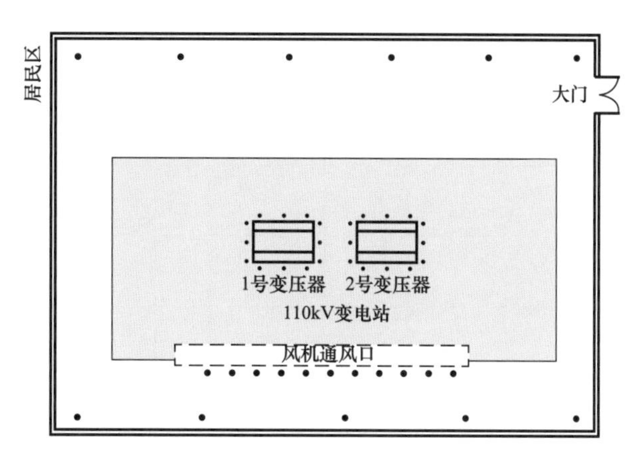

图4-27 110kV变电站主要噪声测量点布置图

3. 实测数据分析

对于每台变压器，依据GB/T 1094.10《电力变压器 第10部分：声级测定》在变压器周边四个面附近布置测点进行测量，测量结果如图4-28所示。

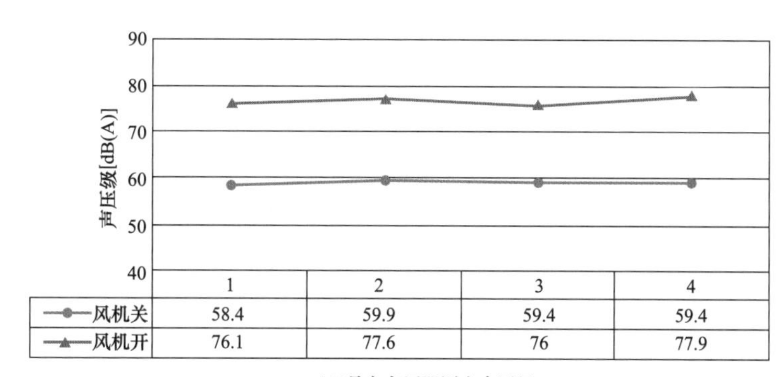

	1	2	3	4
风机关	58.4	59.9	59.4	59.4
风机开	76.1	77.6	76	77.9

(a)1号主变压器测点声压级

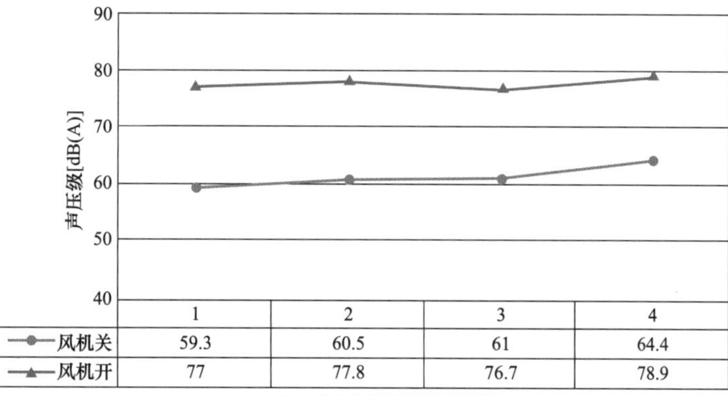

	1	2	3	4
风机关	59.3	60.5	61	64.4
风机开	77	77.8	76.7	78.9

(b) 2号主变压器测点声压级

图4-28 两台主变压器测点声压级

由图 4-28 可以得出，2 号主变压器比 1 号主变压器周边测点声压级高约 1dB（A），差别不大。风机关闭时，由于此时变压器处于低负荷运行，测点声压级相对较低，在 60dB（A）左右；风机开启后，变压器周边测点声压级在 77dB（A）左右，较风机开启前增加约 17dB（A）。可以看出，风机对变压器噪声的影响比较大。

进一步对风机开启前后变压器噪声进行频谱分析，结果如图 4-29 所示。

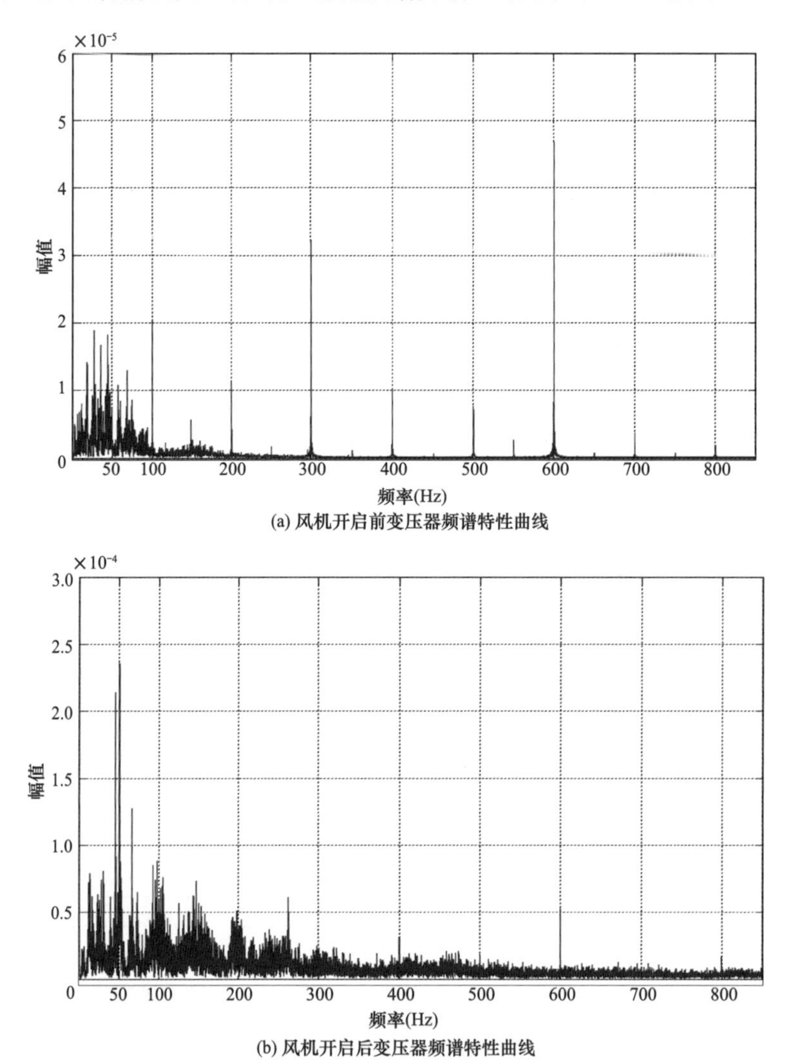

图 4-29　风机开启前后变压器频谱特性曲线

由图 4-29 可以看出：风机开启前，变压器噪声在 800Hz 以下的频段具有明显的线谱特征，主要是以 100、300、600Hz 等为主的低频噪声；风机开启后，变压器噪声主要集中在 300Hz 频段以下，其中在 50Hz 附近声压幅值相对较高。可以看出，风机噪声主要为 300Hz 下的低频噪声，在 50Hz 附近具有较高的幅值。

4. 变压器声功率计算

若要进一步了解变压器噪声的强度及特性，需对其进行声功率计算。采用声压、声功率计算的方法如下：

$$L_{WA} = \overline{L_{pA}} + 10\log\frac{S}{S_0} - K \tag{4-6}$$

式中：$\overline{L_{pA}}$为一圈测量环线上所有测点的平均声压级；K 为声压修正值，在此可忽略不计；S_0 值为 $1m^2$；S 为等效面积。

计算结果如表 4-8 所示。

表 4-8　　变压器声功率计算结果　　dB（A）

主变压器编号	风机开/关	声功率
1 号主变压器	风机关	78.9
	风机开	96.1
2 号主变压器	风机关	80.7
	风机开	96.7

5. 厂界噪声实测数据分析

风机开时，厂界噪声的测点序号如图 4-30 所示，各测点声压级结果如表 4-9 所示。

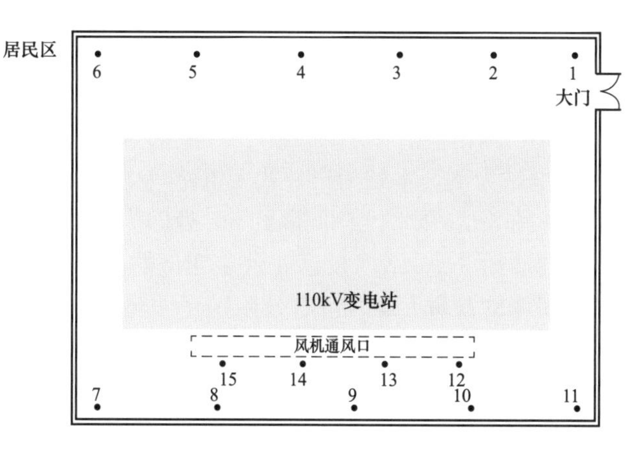

图 4-30　厂界噪声测点序号示意图

从表 4-9 可以看出，风机开启时，靠居民区较近的测点 6 声压级为 53.9dB（A），基本满足 2 类声环境标准。南侧围墙内测点声压级相对较高，基本在 60dB（A）以上，其中处于中间位置的测点 9 的声压级最高，为 69.1dB（A）。对测点 9 进行频谱分析，结果如图 4-31 所示。

表 4-9　　厂界各测点声压级结果

测点序号	声压级［dB（A）］	测点序号	声压级［dB（A）］
1	53.9	9	69.1
2	53.1	10	63.7
3	50.8	11	59.1
4	51.9	12	70
5	52.5	13	71.6
6	53.9	14	72.1
7	61.5	15	70.5
8	68.1		

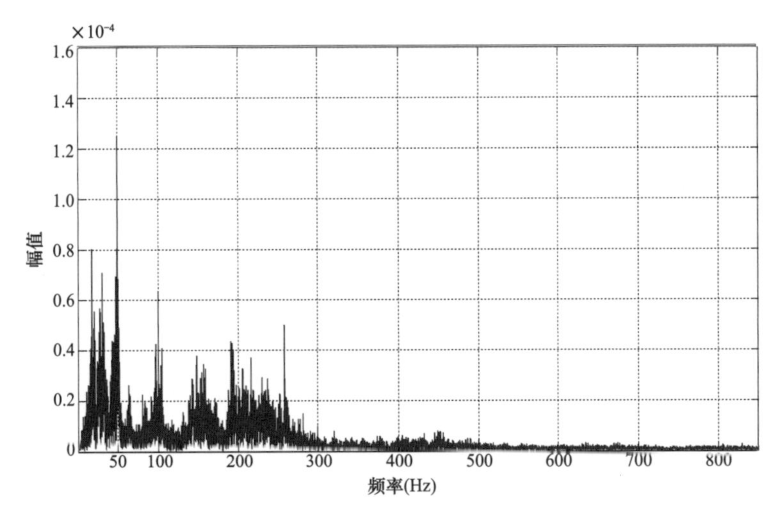

图 4-31　测点 9 频谱特性曲线

由图 4-31 可以看出，测点 9 的噪声主要集中在 300Hz 以下频段，且在 50Hz 处声压幅值相对较高，可以推断出，该处噪声主要由变压器散热风机引起。

4.11.2　户外变电站噪声测量案例

1. 变电站概况

以武汉市某 110kV 变电站为例，本站为户外式变电站，变压器布置于站区中间区域，与近居民区侧的围墙之间距离约 8m，围墙北侧间隔约 5m 处即为居民楼，且该居民楼外立面突出部分（阳台）距变电站围墙约 3m。站内投运 3 台主变压器，靠居民楼最近的为 3 号主变压器，其他 2 台主变压器间均设置防火墙，可有效阻隔了 1 号、2 号主变压器的噪声对外扩散，且通过距离衰减，对站界噪声影响较小。

2. 测量概况

研究人员对该变电站现场进行了实地勘察，通过 B&K 噪声测量系统和自研声阵列成像系统对现场声环境进行补充测量，主要测点位置如图 4-32 所示。

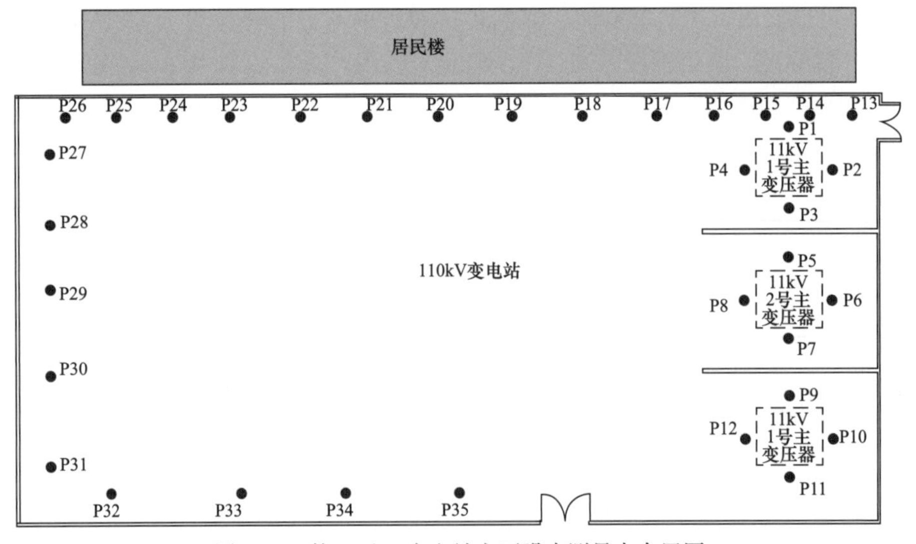

图 4-32　某 110kV 变电站主要噪声测量点布置图

3. 实测数据分析

对于每台变压器，在变压器周边四个面布置测点进行测量。测点距变压器表面 1m、距地面高 1.5m。图 4-33 所示为 3 号主变压器周边靠近住宅区的 4 个方向测点声压级，从中可以看出，3 号主变压器周边的 P2～P4 这 3 个测点的声压级都在 61dB（A）以上，而靠近住宅区的测点 P1 的声压级低于 60dB（A），说明 3 号主变压器的噪声指向性为面向住宅区方向的噪声声压级较低。测点 P1、P2、P4 的频谱如图 4-34 所示，从图中可见靠近居民区的 3 号主变压器 3 个面的频谱在 1000Hz 以下的频段具有明显的线谱特征，主要是以 100、200、300、600Hz 等为主的低频噪声。

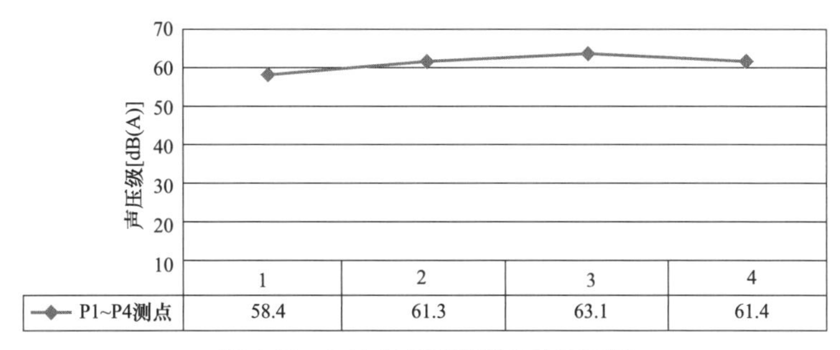

图 4-33　3 号主变压器测点的声压级

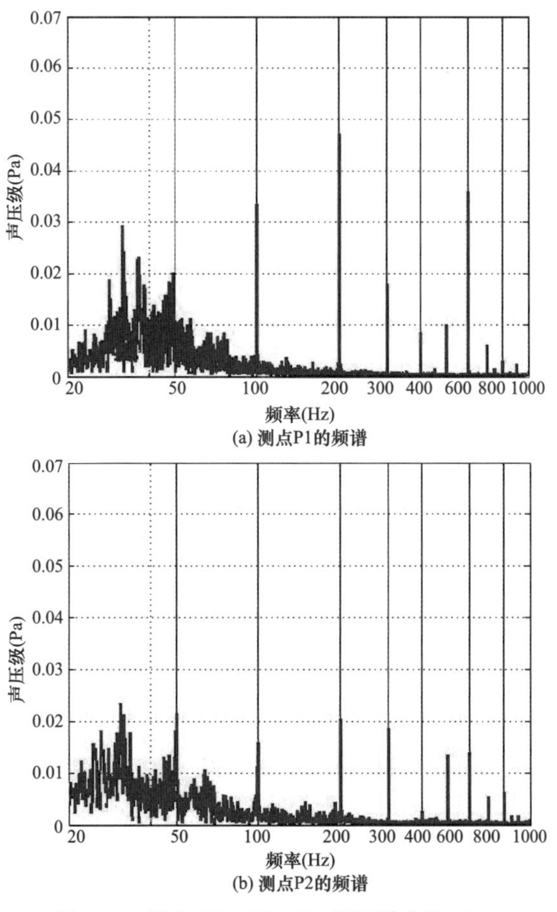

图 4-34　测点 P1、P2、P4 的频谱曲线（一）

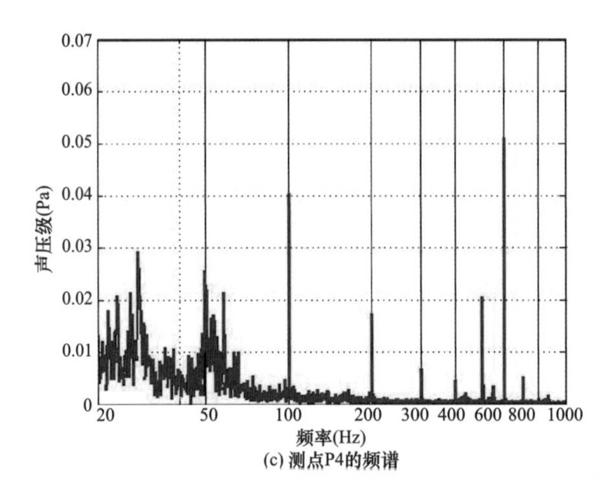

(c) 测点P4的频谱

图 4-34　测点 P1、P2、P4 的频谱曲线（二）

测点 P5～P8 为 2 号主变压器周边的 4 个测点，这 4 个测点的声压级如图 4-35 所示。从图中可以看出，2 号主变压器与 3 号主变压器相比，各对应方向测点的声压级要低得多，主要原因在于测量时 2 号主变压器处于低负荷工作状态，而 3 号主变压器处于满负荷工作状态。2 号主变压器周边 4 个测点的声压在 51～55dB（A）。

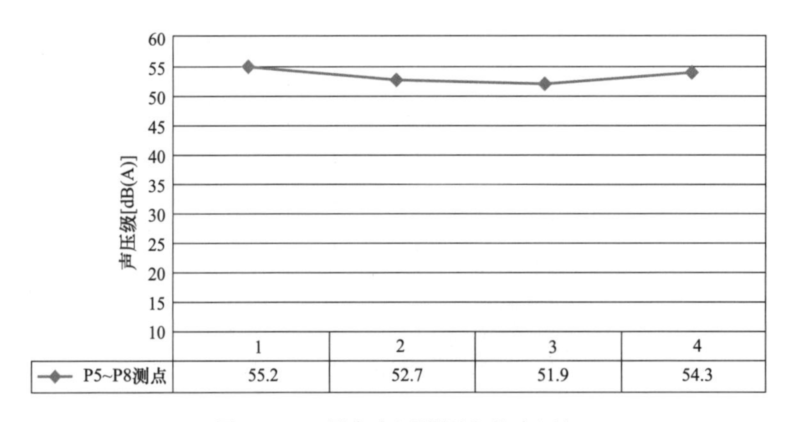

图 4-35　2 号主变压器测点的声压级

1 号主变压器周边测点 P9～P12 的声压级如图 4-36 所示，从图中可以看出，1 号主变压器周边 4 个测点的声压级在 55dB（A）附近，与 2 号主变压器噪声的声压级相似。1 号主变压器和 2 号主变压器在测量时处在低负荷工况。

厂界测点 P13～P26 声压级如图 4-37 所示。由于测点 P13～P26 分布于住宅区楼前的厂界，平均间隔 3～5m 布置一个测点，由图中可以看出，随着测点离变压器距离越远，所测得的声压级越低。在 3 号主变压器附近的厂界处声压级基本超过 55dB（A），相对距离主变压器较远处的测点声压级也达 50dB（A）以上。

离住宅区最近的几个测点的频率如图 4-38 所示。从图中可以看出，在 1～100Hz 之间出现了很多频率峰值，这是因为在测量过程中周边环境存在施工所引起，是环境噪声，对周边居民的影响可随着施工的结束而消失。频谱中典型变压器噪声在 100～1000Hz 之间，而且噪声源主要是 100、200、600Hz 的低频噪声。

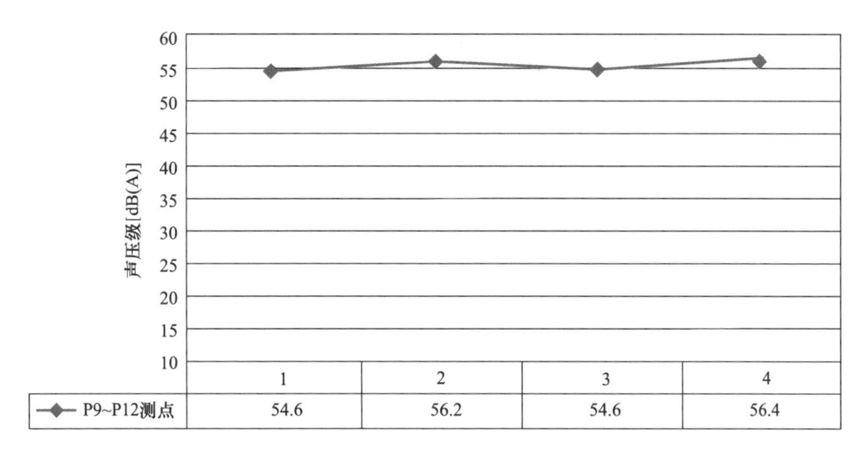

图 4-36　1 号主变压器测点的声压级

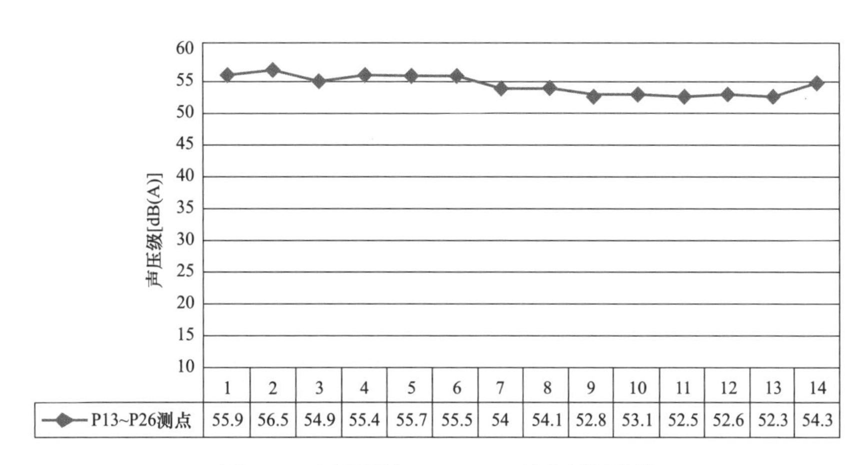

图 4-37　厂界测点 P13～P26 的声压级曲线

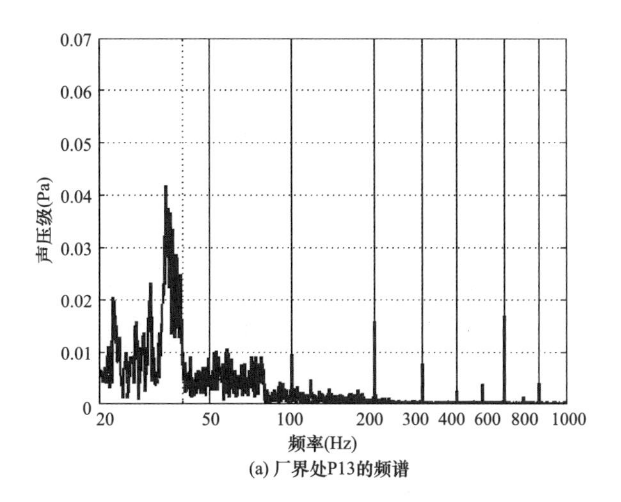

图 4-38　厂界测点 P13～P26 的频谱曲线（一）

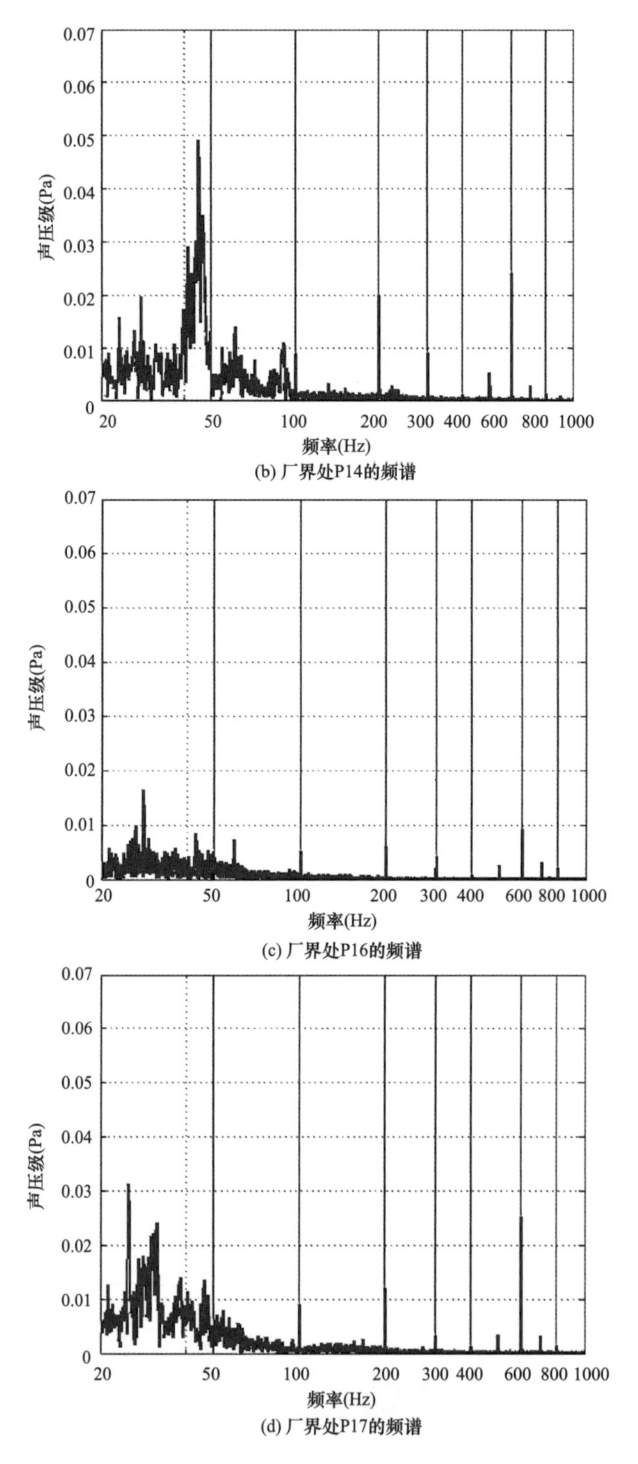

(b) 厂界处P14的频谱

(c) 厂界处P16的频谱

(d) 厂界处P17的频谱

图 4-38　厂界测点 P13～P26 的频谱曲线（二）

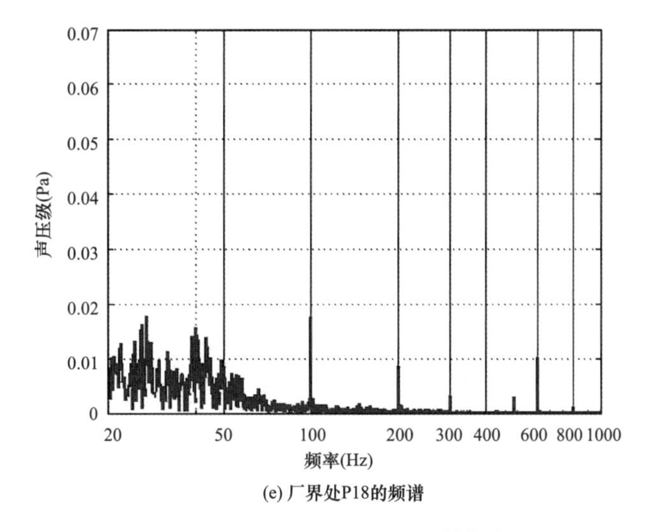

(e) 厂界处P18的频谱

图 4-38　厂界测点 P13～P26 的频谱曲线（三）

测点 P27～P35 为远离居民区和变压器而靠近交通道路的厂界处的测点。这些测点的声压级如图 4-39 所示。从图中可以看出，厂界测点因面对马路区而不是居民区的敏感点，故测点布置相对稀疏。在测量过程中，测点的声压级受到道路交通工具噪声的影响比较大，这些厂界测点的声压级在 53dB（A）附近。

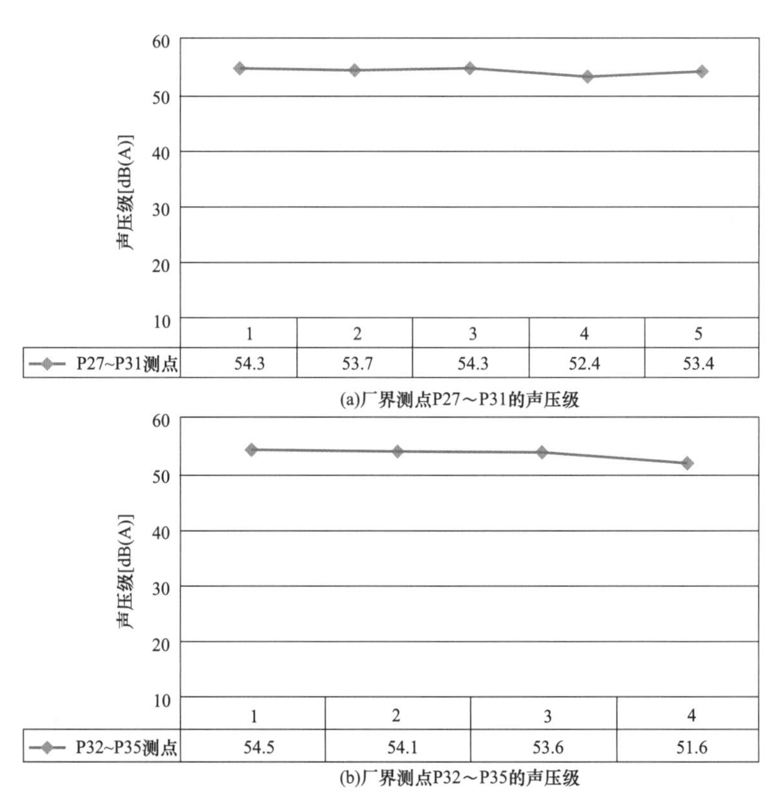

(a)厂界测点P27～P31的声压级

(b)厂界测点P32～P35的声压级

图 4-39　厂界测点 P27～P35 的声压级

5 变电站噪声仿真技术

变电站设计阶段降噪规划设计和超标变电站的噪声治理是一项专业性、技术性和科学性很强的工作。在规划设计阶段，通过精确的声学仿真技术对变电站内的各种设施布局进行精心规划，可确保变电站建成后噪声不超标，避免变电站二次噪声治理工程。对当前运行但噪声超标的变电站进行噪声治理，需要对初步的降噪方案进行噪声治理效果的预评估，并进一步优化降噪方案。因此，将计算机仿真方法纳入变电站规划设计和噪声治理方案的全过程，是一项非常重要的工作。

5.1 噪声仿真原理

对变电站开展噪声预测，要选择合适的声学分析软件。当前工程领域进行声学仿真的软件主要分为波动声学软件和几何声学软件两大类。

5.1.1 噪声预测方法

实际的工程噪声预测一般采用声学预测软件开展声学仿真计算，声学仿真软件通过计算声波方程来计算目标点处的声压值。在自由三维空间中的声压以 $p(\vec{x},t)$ 表示，单位为 Pa；其中 $\vec{x}=(x,y,z)$ 为目标点空间坐标，单位为 m；t 表示时间，单位为 s。满足齐次声波方程：

$$\nabla_{\vec{x}}^2 p(\vec{x},t)-\frac{1}{c^2}\frac{\partial^2}{\partial t^2}p(\vec{x},t)=0 \tag{5-1}$$

式中：c 表示空气中的声速，在正常环境条件下一般取值 343m/s；$\nabla_{\vec{x}}^2$ 表示笛卡尔坐标中的拉普拉斯算子，一个函数 $f(x,y,z)$ 的拉普拉斯算子定义为：

$$\nabla_{\vec{x}}^2 f=\frac{\partial^2}{\partial x^2}f+\frac{\partial^2}{\partial y^2}f+\frac{\partial^2}{\partial z^2}f \tag{5-2}$$

对于一个单频的声场，目标点处的声压可以表示为：

$$p(\vec{x},t)=p(\vec{x})e^{i\omega t} \tag{5-3}$$

其中：ω 为声波频率，rad/s。

噪声仿真方法分为有限元法、边界元法和几何声学法三种。

（1）有限元法：将整个声学求解域离散成由许多称为有限元的小的互联子域组成，如图 5-1 所示，每个子域之间的连接点称为节点。对每个单元假定一个合适的近似解。然后得到整个域满足的条件，得到问题的解。有限元法能够适应各种复杂形状，计算精度高，成为非常有效的工程分析方法。

（2）边界元法：在整个声学分析域的边界元上划分有限个单元，如图 5-2 所示，在边界上应用亥姆霍兹方程进行求解，得到所需的各种声学量。边界元法仅对边界进行离散，分析域内的数值通过边界上的已知量计算得到，能够降低求解问题的维度，将三维问题变成二维问题，二维问题变成一维问题，因此适合无限域问题的计算分析。

（3）几何声学：借鉴几何光学的理论，假设声音的波动特性可以忽略，声波沿直线传播，如图 5-3 所示，根据 SNELL 定理，声波的入射角等于反射角，能够得到计算机声场仿真的算法。

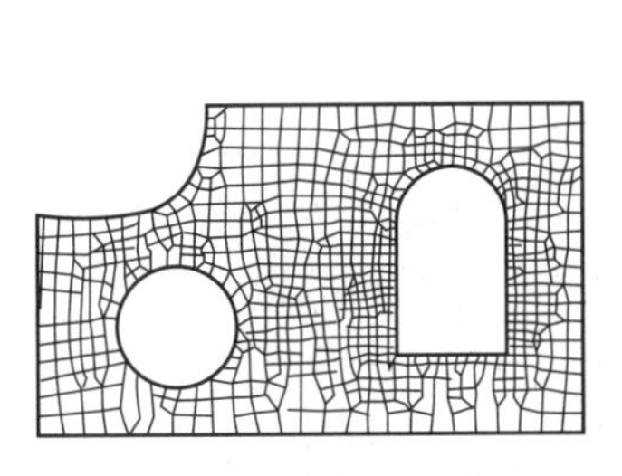

图 5-1　有限元网格

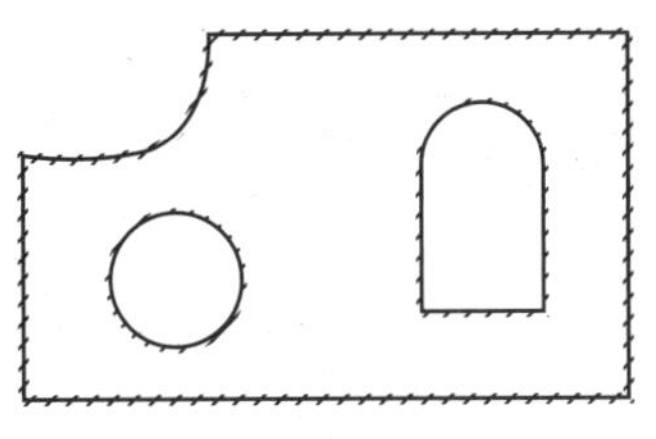

图 5-2　边界元网格

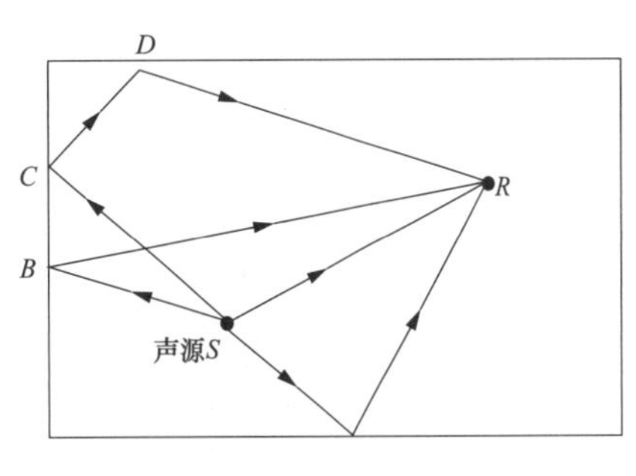

图 5-3　几何声学中声线传播

5.1.2　噪声仿真分析软件

当前国内使用较多的噪声分析软件有以下三种：

1. SoundPlan

SoundPlan 噪声地图模拟软件（见图 5-4）是一款噪声预测评估和声环境模拟软件，通过 SoundPLAN，可以建立并检验降噪措施。SoundPlan 软件所提供的三维噪声地图系统是一个适用于噪声规划的软件系统，可协助高效绘制三维噪声地图；还提供图形工具，包括三维模型及动画，为专业报告提供生动的素材，优化噪声解决方案；在实施解决方案之后，周围的环境噪声的改善可以直观地“看得见”。

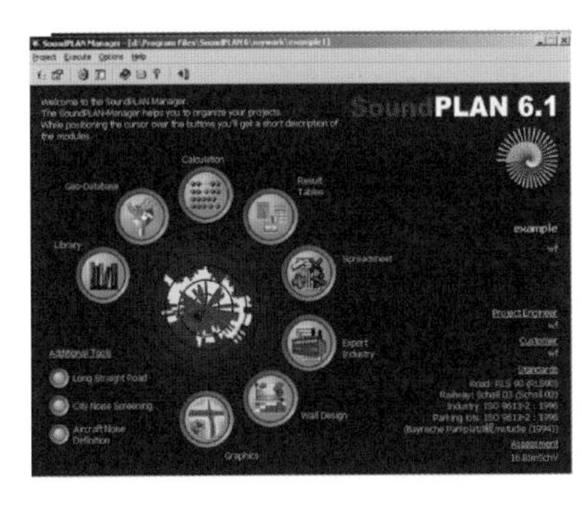

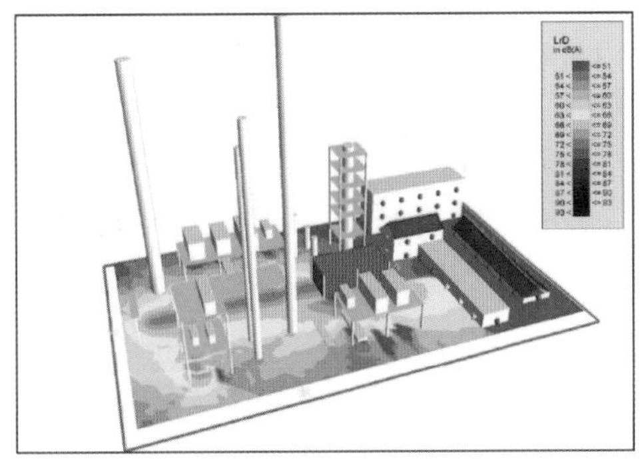

图 5-4　SoundPlan 软件及分析结果

2. Cadna/A

Cadna/A 环境噪声模拟软件系统是一套基于 ISO 9613 标准方法、利用 Windows 作为操作平台的噪声模拟和控制软件，如图 5-5 所示。该系统适用于工业设施、公路、铁路和区域等多种噪声源的影响预测、评价、工程设计与控制对策研究。Cadna/A 具有较强的计算模拟功能，可以同时预测各类噪声源（点声源、线声源、任意形状的面声源）的复合影响，对声源和预测点的数量没有限制；噪声源的噪声声压级和计算结果既可以用 A 计权值表示；也可以不同频段的声压值表示；任意形状的建筑物群、绿化林带和地形均可作为声屏障予以考虑。由于参数可以调整，可用于噪声控制设计效果分析，其屏障高度优化功能可以广泛用于道路等噪声控制工程的设计。Cadna/A 软件流程设计合理，功能齐全，用户界面友好，操作方便，易于掌握使用。从声源定义、参数设定、模拟计算到结果表述与评价构成一个完整的系统，可实现功能转换和源、构建物与受体点的确定，具有多种数据输入接口和输出方式。特别是三维彩色图形输出方式，使预测结果更加可视化和形象化。

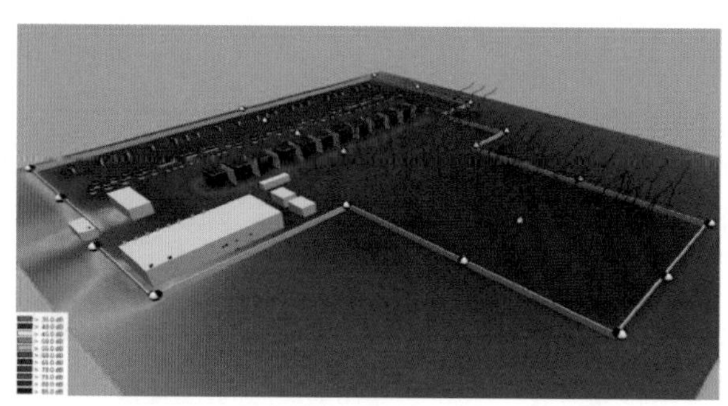

图 5-5　Cadna/A 软件及分析结果

3. Virtual. lab/Raynoise

Raynoise 是比利时声学设计公司 LMS 开发的一种大型声场模拟软件系统，当前已经集成到 Virtual. lab（见图 5-6）成为其中声学分析的子模块。其主要功能是对封闭空间或者敞开空间以及半封闭空间的各种声学行为加以模拟。它能够较准确地模拟声传播的物理过程，包括镜面反射、扩散反射、墙面和空气吸收、衍射和透射等现象，并能最终重造接收位置的听音效果。该系统广泛应用于厅堂音质设计、工业噪声预测和控制、录音设备设计、机场、地铁和车站等公共场所的语音系统设计以及公路、铁路和体育场的噪声估计等。

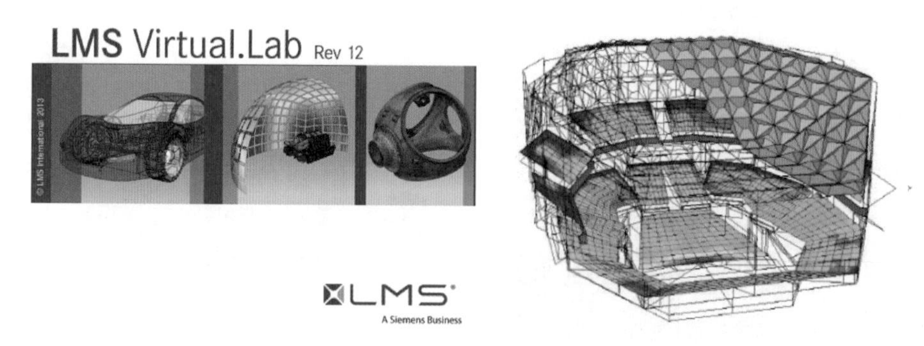

图 5-6　Virtual. lab 软件及 Raynoise 分析结果

5.2　噪声仿真分析的一般流程及要点

噪声仿真分析的一般流程如下：

（1）模型简化。在进行变电站声学仿真时，对于所建立的模型可以进行一定程度的简化，而保留对声波传播影响较大的建筑及设备。对于建筑物，只需要确保基本的外形形状以及几何尺寸，不用建立建筑物所附带的门或者窗等局部特征，如图 5-7 所示。

图 5-7 建筑实物与简化模型

（2）网格划分。在进行变电站噪声预测仿真分析时，不同的方法对于网格有不同的要求，对于有限元法，一般需要划分三维实体单元，需要在所考察的声学域内划分的网格满足所关心的最高频率所对应的波长内至少有 6 个单元，才能满足分析要求；对于边界元法，划分声学单元网格为面网格，也需要满足在所关心的频率范围内的最高频率所对应的波长内至少有 6 个单元；而采用几何声学方法，对所划分的网格没有特别的要求，相对来说可以划分粗一些。

（3）声源施加。在进行声学仿真时，一般需要添加声源，基本的声源类型有点声源、线声源和面声源。在变电站的声场仿真中，对于一些小型的声源如泵、风机等，可以等效成点声源；而对于变压器，当测量距离较远时可以将其看成是点声源，而在近场分析时则采用面声源来对变电站声源进行等效，即除了变压器外形的底面没有声源外，其他 5 个面采用施加面声源。对于所施加的各种声源，需要添加各个声源的强度，一般声源的强度通过声功率来施加。根据现场测量或者通过理论推导得到声功率值，再进行声学仿真计算。对于变电站中的变压器，分体式之间存在着 120°的相位差，在分析中需要考虑各个声源之间相互干扰的影响。

（4）分析结果后处理。将建立好的模型和施加声源后的模型提交计算后，需要通过后处理方式呈现声场计算的结果。一般的后处理结果程序有三种形式，即云图、曲线和数值。根据分析结果的需要，可以提取出所关心的结果。

5.3 噪声声学仿真案例

在变电站仿真中，室外变电站因其占地面积较大，无论是采用有限元法还是边界元法，都需要一个波长范围内至少应包括 6 个单元，而变电站中的噪声源主要是以 100Hz 为基频的谐频线谱噪声，这样使得所需要的单元和网格数量将非常之多，需要消耗的计算机资源大，计算时间较长，因此不适合用于变电站仿真。

与有限元法和边界元法相比，几何声学适合用来分析环境噪声。在运用几何声学时，一般的 SoundPlan 和 Cadna/A 均以 ISO 标准进行计算，在有多个声源时不考虑声源之间的干涉效应，而是按照单个声源的叠加原理来计算场点中的声压，而这会引起噪声声场声压分布的失真。

5.3.1 相干声场与非相干声场

波的干涉是一种物理学现象。频率相同的两列波叠加，使某些区域的振动加强，某些区域的振动减弱，而且振动加强的区域和振动减弱的区域相互隔开，这种现象叫作波的干涉。

产生干涉的一个必要条件是两列波（源）的频率以及振动方向必须相同并且有固定的相位差。如果两列波的频率不同或者两个波源没有固定的相位差（相差），相互叠加时波上各个质点的振幅是随时间而变化的，没有振动总是加强或减弱的区域，因而不能产生稳定的干涉现象。波的干涉是波叠加的一个特殊情况，任何两列波都可以叠加，但只有满足相干条件的两列波才能产生稳定的干涉现象。符合干涉条件的两列波称为相干波。在发生干涉的区域中，介质中的质点仍在不停地振动着，其位移的大小和方向都随时间做周期性的变化，但振动加强的点始终加强，振动减弱的点始终减弱，并且振动加强的区域和减弱的区域互相间隔，形成的干涉条纹位置不随时间发生变化。若介质中某质点到两波源的距离之差为波长的整数倍，则该质点的振动是加强的；若某质点到两波源的距离之差是半波长的奇数倍，则该质点的振动是减弱的。满足上述三个条件的两波源称为相干波源。

图 5-8 显示了两个同频点声源形成的不相干声场和相干声场的声压云图，从中可以看出，同样的多个声源所形成的声场明显不同，而考虑干涉的声场更能代表真实的噪声分布状态。

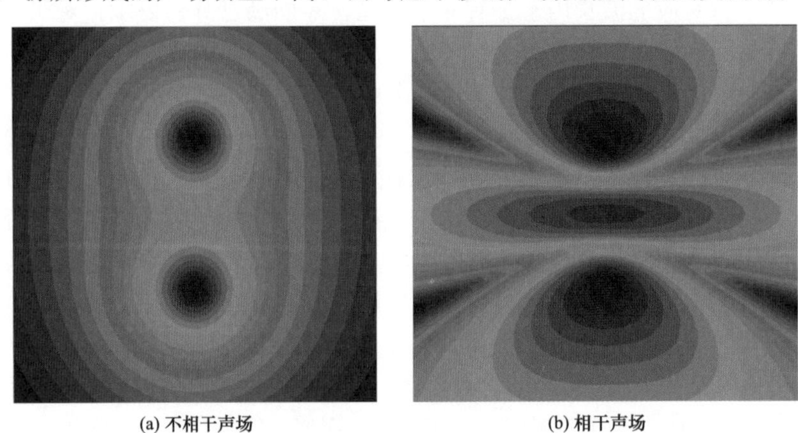

(a) 不相干声场　　(b) 相干声场

图 5-8　两个同频点声源的不相干和相干声场

5.3.2　新建变电站声学仿真案例

某变电站因扩容需要将现有规模进行扩展，要求分析变电站扩容后的厂界噪声状态。

扩容后的变电站及其周边敏感点如图 5-9 所示。在不采取任何降噪措施时，变电站噪声分布如图 5-10 所示。

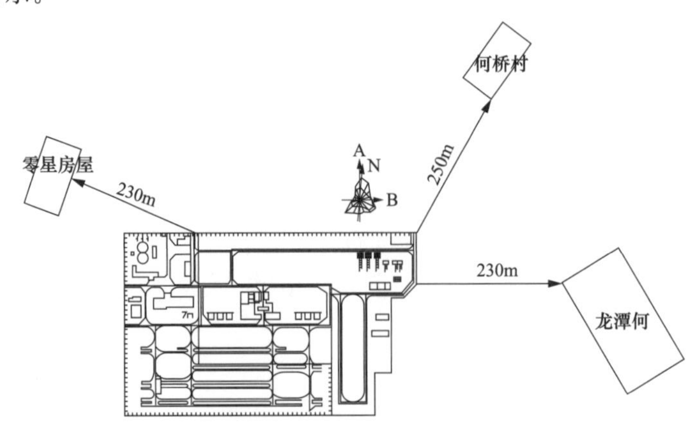

图 5-9　站区总平面布置图及敏感点分布示意图

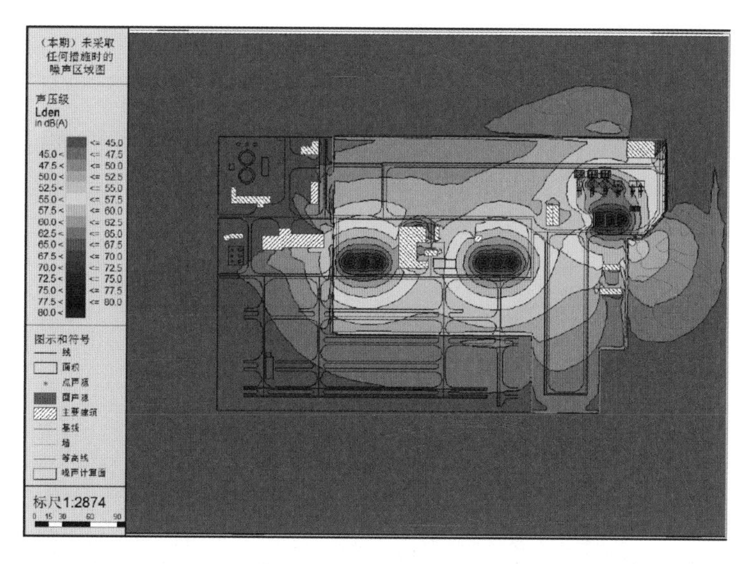

图 5-10　未采取噪声控制措施时的噪声分布图

由图 5-10 可知，在不采取任何噪声控制措施的情况下，厂界东侧和西侧站界噪声最大为 52.5～55dB（A），超过 GB 12348《工业企业厂界环境噪声排放标准》2 类夜间 50dB（A）的限值标准；厂界东侧噪声超过 GB 12348 中 2 类夜间 50dB（A）的限值标准。

对于站界部分超标区域，采取措施把站区东侧和西侧部分区域的围墙加高至 5m，围墙上设置 3m 高声屏障，站区北侧部分围墙加高至 5m。噪声控制方案如图 5-11 所示。

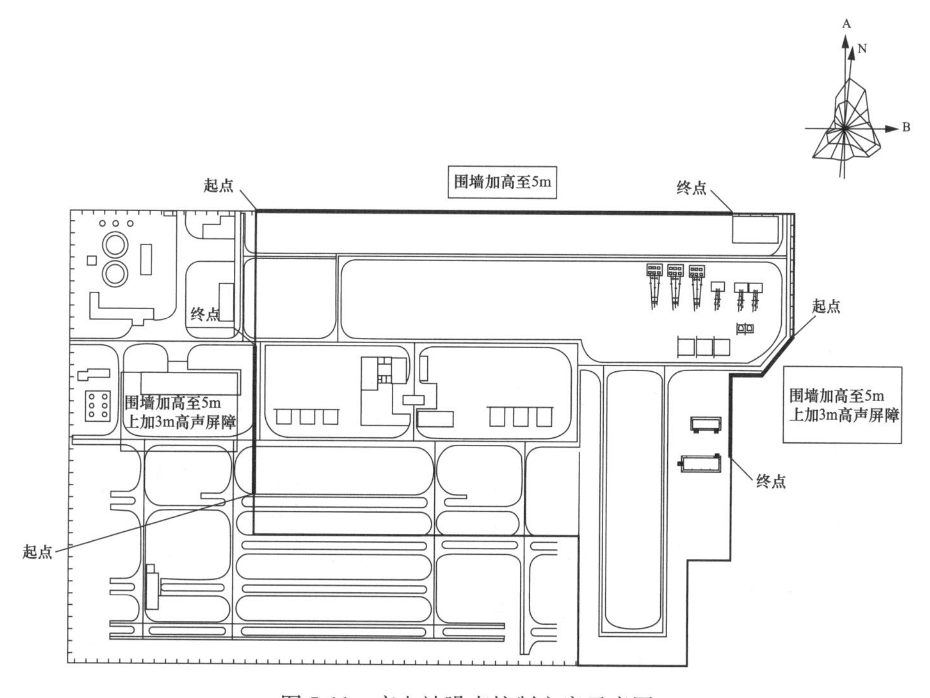

图 5-11　变电站噪声控制方案示意图

采取噪声控制措施后变电站的噪声分布如图 5-12 所示，由图可知，厂界噪声满足 GB 12348《工业企业厂界环境噪声排放标准》2 类夜间 50dB（A）限值标准，周围声环境和敏感点噪声满足《声环境质量标准》2 类夜间 50dB（A）限值标准。

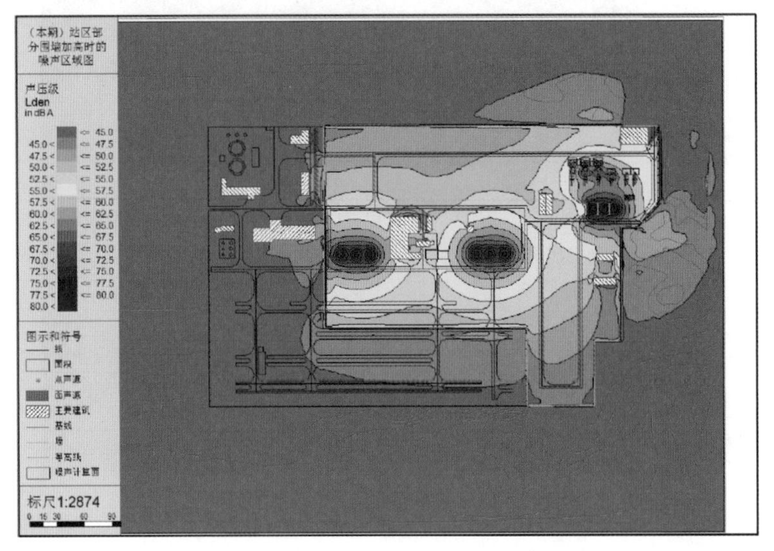

图 5-12　采取降噪措施后变电站噪声图

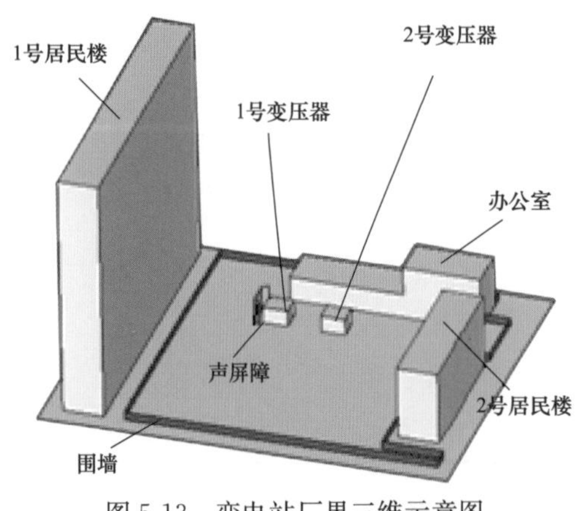

图 5-13　变电站厂界三维示意图

5.3.3　噪声治理方案预测评估案例

某室外变电站周边有一高层建筑，靠近厂界。变电站噪声影响周边环境，现拟对某一变电站施加一声屏障，需要评估施加声屏障后的噪声治理效果。

根据变电站和周边建筑的实际几何尺寸，采用三维绘图软件绘制了治理方案前后的变电站周边影响区域的几何模型，如图 5-13 所示。

对变电站的声学仿真模型进行网格划分，如图 5-14 所示，将模型导入声学分析软件中，并在声学软件中输入设备网格不同面所代表的实际建筑面的吸声系数、声源类型和声源强度等信息。

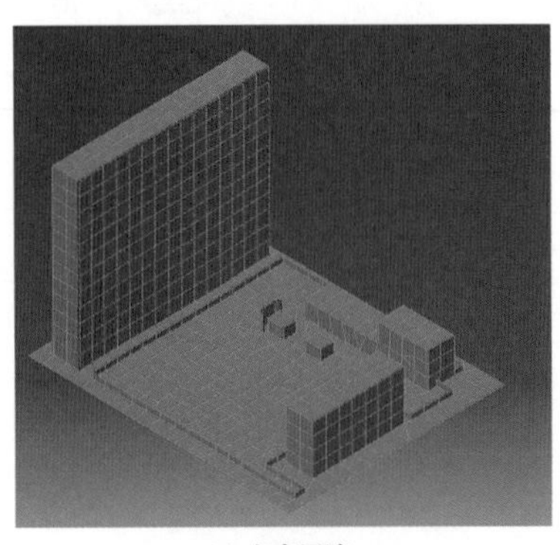

(a) 有声屏障

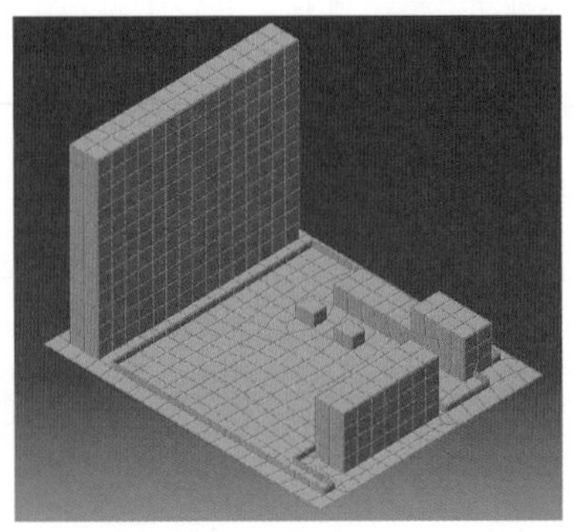

(b) 无声屏障

图 5-14　变电站声学网格模型

为了计算后能够清晰看到变电站建筑物表面上的声压分布，需要建立声学场点网格。声学场点网格比声学计算网格要细密一些，如图 5-15 所示。

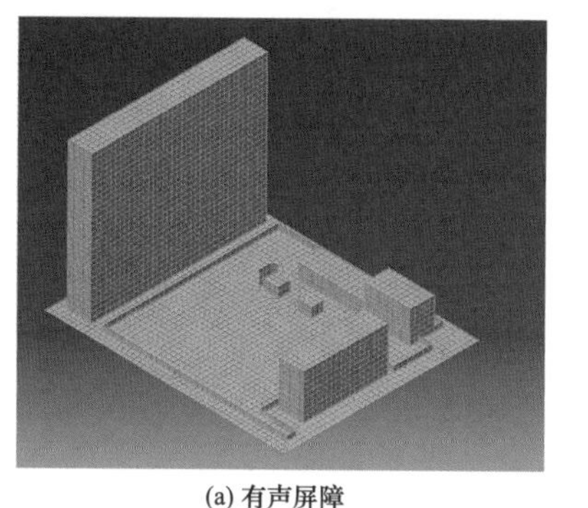

(a) 有声屏障

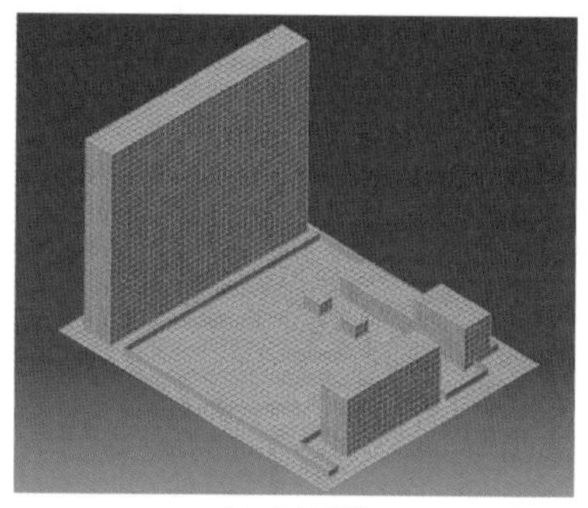

(b) 无声屏障

图 5-15　变电站声学场点网格模型

计算结束经过后处理，可以清晰地看到变电站采取噪声治理措施前后声压的分布状态，以及变电站各建筑表面的声压分布，如图 5-16 所示。

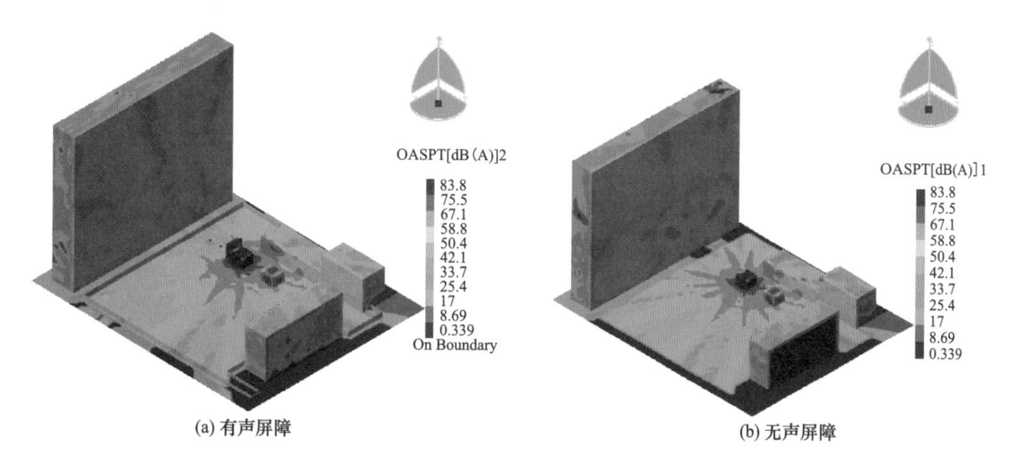

(a) 有声屏障　　(b) 无声屏障

图 5-16　有声屏障与无声屏障时声压级的分布云图

变电站噪声控制技术

变电站的噪声治理主要在噪声源和噪声传播路径两方面进行，主要有两种途径：一是采用吸声、隔声、消声、隔振等辅助降噪技术进行变电站噪声控制；二是通过设备本体降噪技术直接降低声源噪声。不同的技术措施具有各自不同的特点。

6.1 隔 声 技 术

隔声降噪技术主要适用于户外变电站的噪声治理，主要方法是根据变电站噪声的频谱特性、噪声超标程度以及敏感点位置等因素，在噪声传播路径上设置隔声屏，或将变压器本体封闭于隔声间或隔声罩内来达到降噪的目的。隔声降噪技术是目前变电站最常用的降噪措施。

6.1.1 隔声原理

当声波在传播过程中遇到匀质障碍物（如木板、金属板、墙体等）时，由于介质特性阻抗的变化，一部分声能被障碍物反射回去，一部分被屏障物吸收，还有一部分可以透过屏障物传播到另一空间去，如图 6-1 所示。由于反射与吸收的结果，透射声能仅是入射声能的一部分，即传出来的声能总是或多或少地小于传进来的能量，这种由屏障物引起的声能降低的现象称为隔声，具有隔声能力的屏障物称为隔声结构或隔声构件。表征屏障物隔声能力的量为透射系数和隔声量。

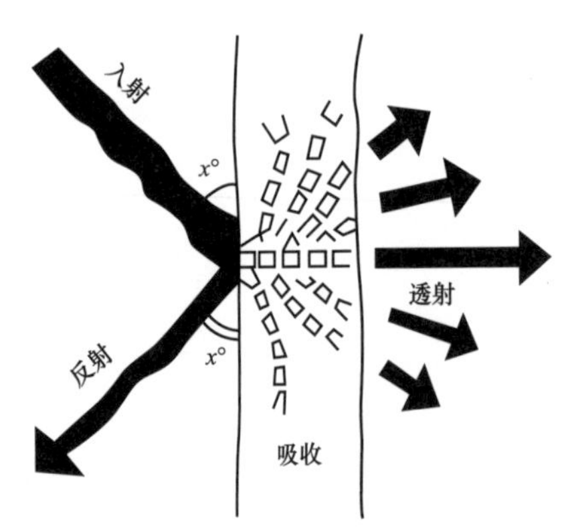

图 6-1　隔声原理示意图

（1）透射系数。透射系数定义为透射声强与入射声强之比，一般隔声结构的透射系数指无规则入射时各入射角透射系数的平均值。透射系数越小，表示透声性能越差，隔声性能越好。

（2）隔声量。隔声量定义为墙或间壁一面的入射声功率级与另一面的透射声功率级之差，单位为 dB。隔声量又叫传声损失，隔声量越大，表示传声损失越大，隔声性能越好。

透声系数和隔声量是两个相反的概念。隔声量的大小与隔声构件的结构、性质有关，也与入射声波的频率有关。同一隔声墙对不同频率声音的隔声性能会有很大差异，故工程上常用平均隔声量来表示某一构件的隔声性能。

1. 单层匀质墙的隔声性能

单层匀质墙的隔声量与入射声波的频率有很大关系，如图 6-2 所示，根据隔声量与入射声波频率的变化规律大致可分为以下三个区：

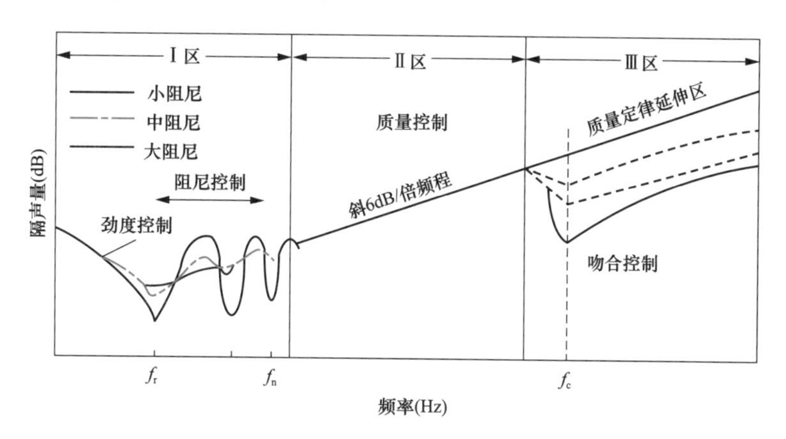

图 6-2　单层匀质墙典型隔声频率特性曲线

第Ⅰ区：劲度和阻尼控制区。劲度控制区的频率范围从零直到墙体的第一共振频率为止，此区域内墙板的隔声量与墙板刚度和声波频率的比值成正比，墙板的隔声量随着入射声波频率的增加而以每倍频程 6dB 的斜率下降。当入射声波的频率和墙板固有频率相同时，引起共振（图中 f_r 为共振基频），进入板共振区即阻尼控制区，此区隔声量最小，随着声波频率的增加，共振愈来愈弱，直至消失。

第Ⅱ区：质量控制区。随着声波频率的提高，共振影响逐渐消失，在声波作用下，墙板的隔声量受墙板惯性质量影响。该区域内，隔声量随入射声波频率的增加而以斜率为 6dB/倍频程直线上升。

第Ⅲ区：吻合效应区。在该区域内，随着入射声波频率的继续升高，隔声量反而下降，曲线上出现一个深深的低谷，即在吻合临界频率 f_c 处隔声量有一个较大的降低，形成一个隔声量低谷，通常称为吻合谷。越过低谷后，隔声量以每倍频程 10dB 趋势上升，然后逐渐接近质量控制延伸的隔声量。

单层隔声结构的隔声材料一般依据质量定律采用均质隔声板，包括金属板、混凝土板、矿物质棉板等。质量定律的主要内容是：单层隔声的单位面积越大，隔声效果越好；单位面积每增加 1 倍，隔声量增加 6dB。

2. 双层隔声结构

根据质量定律，若要显著提高隔声性能，单靠增加隔层的厚度是不经济的，如果把单层墙一分为二做成双层墙，中间留有空气层，则墙的总质量没有变，但隔声量却比单层的提高了。一般双层隔声结构的两层不采用相同厚度的同一种材料，以避免这两层出现相同的吻合频率。

双层结构能提高隔声能力的主要原因是空气层的作用。空气层可以看作两层墙板的“弹簧”，声波入射到第一层墙透射到空气层时，空气层的弹性形变具有减振作用，传递给第二层墙的振动大为减弱，从而提高了墙体的总隔声量。常见双层墙的隔声量如表 6-1 所示。

表 6-1　　常见双层墙的隔声量

材料及结构的厚度（mm）	面密度（kg/m²）	平均隔声量（dB）
12～15 厚铅丝网抹灰双层中填 50 厚矿棉毡	94.6	44.4
双层 1 厚铝板（中空 70）	5.2	30
双层 1 厚铝板除 3 厚石漆（中空 70）	6.8	34.9
双层 1 厚铝板除＋0.35 厚镀锌铁皮（中空 70）	10.9	38.5
双层 1 厚钢板（中空 70）	15.6	41.6
双层 2 厚铝板（中空 70）	10.4	31.2
双层 1 厚铝板填 70 厚超细棉	12.0	37.3
双层 1.5 厚钢板（中空 70）	23.4	45.7
18 厚塑料贴面压榨板双层墙，钢木龙骨（12＋80 填矿棉＋12）	29.0	45.3
18 厚塑料贴面压榨板双层墙，钢木龙骨（12×12＋80 填中空＋12）	35.0	41.3
碳化石灰板双层墙（90＋60 中空＋90）	130	48.3
碳化石灰板双层墙（120＋30 中空＋90）	145	47.7
90 碳化石灰板＋80 中空＋12 厚纸面石膏板	80	43.8
90 碳化石灰板＋80 填矿棉＋12 厚纸面石膏板	84	48.3
加气混凝土双层墙（15＋70 中空＋75）	140	54.0
100 厚加气混凝土＋50 中空＋18 厚草纸板	84	47.6
100 厚加气混凝土＋50 中空＋三合板	82.6	43.7
50 厚五合板蜂窝板＋56 中空＋30 厚五合板蜂窝板	19.5	35.5
240 厚砖墙＋80 中空内填矿棉 50＋6 厚塑料板	500	64
240 厚砖墙＋200 中空＋240 厚砖墙	960	70.7
240 厚砖墙（表面粉刷）＋60 中空＋60 厚砖墙（表面粉刷）	258	38.0
双层 80 厚穿孔石膏板条	100	40.0
240 厚砖墙＋150 中空＋240 厚砖墙	800	64.0
双层 75 厚加气混凝土（中空 75，表面粉刷）	140	54.0
双层 40 厚钢筋混凝土（中空 40）	200	52.0

在设计和施工中要特别注意，两层之间不能有刚性连接。破坏了固体-空气-固体的双层结构，把两层固体隔层由刚性构件连接，使两个隔层的振动连在一起，隔声量会大为降低。尤其是双层轻结构隔声墙，两层相互之间必须支撑或连接时一定要用弹性构件支撑或悬吊。同时注意需要分割的两个空间之间不能有缝或孔相通，因为“漏气”就要漏声，这是隔声的实际问题。

3. 多层复合隔声结构

在噪声控制工程中，常用轻质多层复合板，它是由几层面密度或性质不同的板材组成的复合隔声结构，通常是采用金属或非金属的坚实薄板做护面层，内部覆盖阻尼材料，或填入多孔吸声材料或空气层等组成。变电站隔声模块采用刚性结构＋隐形填充材料＋刚性材料夹心结构，如图 6-3 所示；另外采用高效率的龙骨搭建方式是有效提高隔声性能的方法，如图 6-4 所示，隐性填充材料选用超细玻璃棉吸声纤维材料，刚性材料选用镀锌钢材料。多层复合墙应避免出现刚性连接，尽量采用弹性连接。多层复合板的隔声性能相比组成它的同等质量的单层或双层材料有明显的改善。

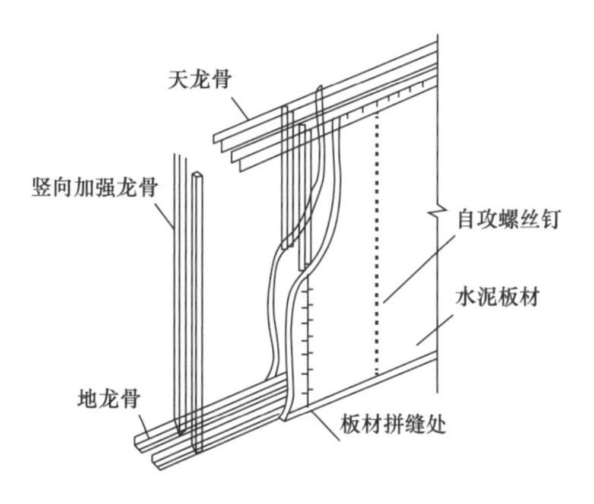

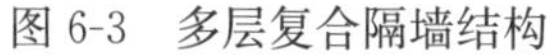
图 6-3 多层复合隔墙结构

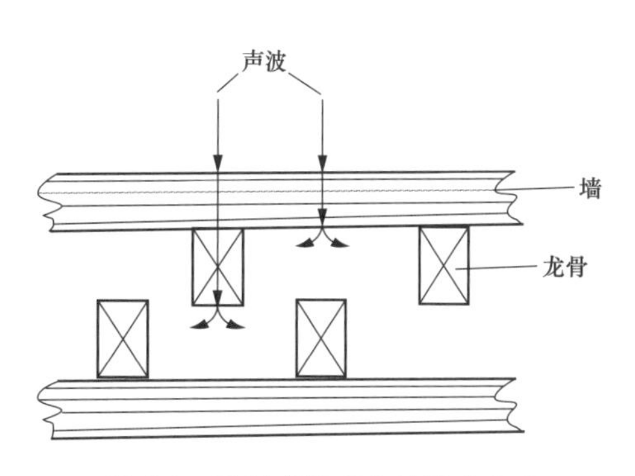

图 6-4 采用高效率龙骨搭建方式

6.1.2 隔声间

隔声间可分为两种类型：一类由于机器体积比较大，设备检修频繁又需要进行手工操作，只能采用一个很大的房间把机器围护起来，并设置门、窗和通风管道，此类隔声间类似一个很大的隔声罩，人能进入其间，如图 6-5 所示；另一类隔声罩是在高噪声环境中隔出一个安静的环境，以供工人观察控制机器运转或是休息用。

由不同隔声构件组成的具有良好隔声性能的房间称为隔声间，如图 6-6 所示。设置隔声间，把变压器放在封闭式的房子里，可以有效降低噪声 30～40dB。在室内布置变压器时，应考虑噪声在墙面反射时可能导致噪声增加，可以考虑采取矿渣棉或类似的材料对墙面进行涂覆处理，增加吸声系数，使噪声明显降低。

图 6-5 隔声间

图 6-6 室内变电站隔声间

隔声间的结构根据实际情况而不同，隔声间的形式应根据需要而定，常用的有封闭式和半封闭式两种，其中半封闭式又分为三边式和迷宫式。封闭式隔声间的墙体和顶棚可用木板（面密度为 7.3kg/m），内部吸声饰面所用的材料是超细玻璃棉（容量 20kg/m，厚 10cm），外包稀疏的薄玻璃布（厚 0.1mm），用穿孔金属板（穿孔率 20%～30%）覆面。此种隔声间在不设门扇的情况下能隔声 10dB，如果加设门扇，隔声能力可达 20～30dB。三边式和迷宫式隔声间的内表面处理方式和封闭式相同，但三边式应有最小的深度（1.50m）和最小的宽度（视需要而定）。迷宫式隔声间的特点是入口曲折，能吸收更多的透入噪声。由于它不设门扇，工作人员出入方便。

隔声间除需要有良好的隔声降噪性能的墙外，还需要设置门、窗或观察孔。由于门窗需要经常开和关，因此材质不能做的过重，通常门窗为轻型结构，采用轻质双层结构或多层复合结构隔声板制成，故称作隔声门、隔声窗，如图 6-7 和图 6-8 所示，隔声门的隔声量为 30～40dB。另外也可采用在板材上涂刷阻尼材料来抑制板的弯曲波运动，增强结构的隔声效果。

图 6-7　隔声门

图 6-8　变压器隔声门

要提高窗户的隔声量，主要是提高窗扇玻璃的隔声量和解决好窗缝的密封处理。隔声窗常采用双层或多层玻璃制作，玻璃板要紧紧地嵌在弹性衬垫中，以防止阻尼板面振动。

门窗的缝隙、管道的孔洞、隔声罩有缺陷的位置等透声量较多，直接影响隔声间的隔声量，因此必须对墙上的孔洞、缝隙以及焊接缺陷处进行密封处理。为了避免孔洞和缝隙透声，在门窗启闭较为方便的前提下，门与框的连接处可选择富有弹性的材料，如橡胶皮、泡沫塑料、海绵乳胶、毛毡等进行密封。隔声间的通风换气口应装有消声装置；隔声间的各种管线通过墙体结构需打孔时，应在孔洞周围用柔软材料包扎封紧。隔声窗通常采用双层或多层玻璃制作，四周边框宜做吸声处理、阻尼振动，防止漏声。

6.1.3　隔声罩

将噪声封闭在一个相对小的空间内以减少向周围传播的罩状结构通常称为隔声罩，如图 6-9 所示。加装隔声罩后噪声受到罩壁阻挡，可以有效减少噪声的外传。隔声罩做成双层壳，内层采用吸声防护板，外层采用隔声彩钢板，两层护板间填以消声材料。隔声罩常用于变电站内独立的强声源，如变压器、电抗器、屋顶轴流风机等。有时为了操作方便或通风散热的需要，罩体上需开观察窗、活动门或散热消声通道等，如图 6-10 所示。使用隔声罩会获得很好的效果，其降噪量一般在 10～40dB。各种形式隔声罩 A 声级降噪量分别为是：固定密封型 30～40dB，活动密封型 15～30dB，局部开敞性 10～20dB，带有通风散热消声器的隔声罩 15～25dB。

6.1.4　声屏障

1. 隔声屏障的降噪原理

隔声屏障的降噪原理主要是在道路声源和受声点之间设置障碍物，如图 6-11 和图 6-12 所示，主要功能是阻挡声音的传播，将一部分声能反射回去，仅使部分声能绕射过去，在隔声屏障背后形成一个声影区，从而使噪声降低。道路声源传播的噪声遇到隔声屏障时将沿着三条途径传播：首先声波是绕射至隔声屏障声影区；第二条是声波直接透过隔声屏障到达声影区；第三条是声波在隔声屏障壁面上产生反射。隔声屏障的降噪效果主要与屏障的高度和长度及声源与受声点的距离有关，其原理见图 6-13 和图 6-14。对于高频噪声，因波长较短，绕射能力差，隔声屏障隔音效果显著；而低频音波波长长，绕射能力强，所以隔音效果有限的。

图 6-9　变压器隔声罩

图 6-10　隔声罩

图 6-11　变压器的声屏障

图 6-12　变压器的隔声墙

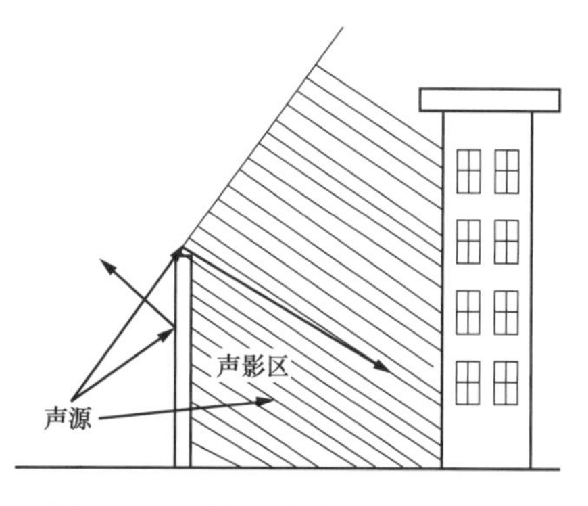

图 6-13　隔声屏障降噪原理示意图

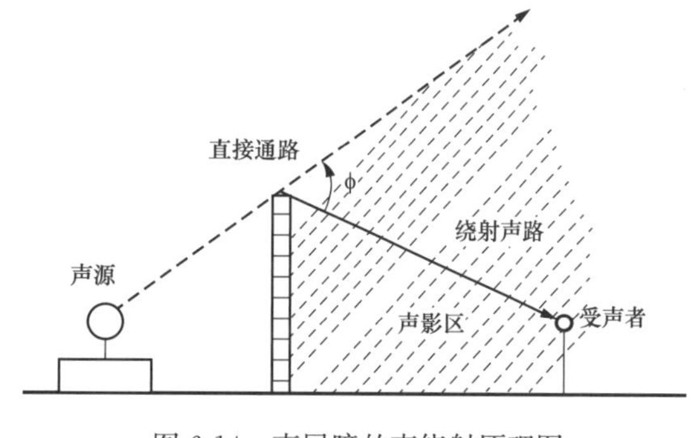

图 6-14　声屏障的声绕射原理图

在噪声传播的三个途径中，绕射衰减量是最重要的设计指标，因为在隔声屏障的声影区中所能感受到的噪声几乎全部是绕射声波。在决定隔声屏障的降噪性能时，一般只对绕射声波进行计算，根据所需降噪量来确定隔声屏障的高度、长度、材料以及结构和形状。

2. 隔声屏障材料的选择及构造

要考虑隔声屏障本身的隔声性能，一般要求隔声屏障的隔声量要比所希望的声影区的声级衰减量大 10dB，只有这样才能避免隔声屏透射声所造成的影响。同时，还要防止隔声屏上的孔隙漏声，注意结构制作的密封。如用在室外，要考虑材料的防雨及气候变化对隔声性能的影响。由于噪声传播时存在反射，一般隔声屏障应具有吸声功能。

6.2 吸 声 技 术

在降噪措施中，吸声也是一种有效的方法，在工程中被广泛应用。采用吸声手段改善噪声环境时，通常有两种处理方法：一是采用吸声材料；二是采用吸声结构。

6.2.1 吸声材料

采用吸声材料进行声学处理是最常用的吸声降噪措施。工程上具有吸声作用并有工程应用价值的材料多为多孔性吸声材料或共振吸声材料，而穿孔板等具有吸声作用的材料通常被归为吸声结构。

6.2.1.1 吸声材料的吸声原理

吸声材料的吸声原理是当声进入吸声材料的孔隙时，声波在孔隙中由于空气黏滞力且与吸声材料相互摩擦使吸声材料产生热能，最后声波转化为热能耗散掉，达到降低声音的效果，如图 6-15 所示。吸声材料的吸声能力，以吸声系数来表示，吸声系数的变化范围在 0～1 之间，材料的吸声系数越大，吸声效果越好。

多孔吸声材料是依靠声波与孔壁的摩擦和热传导，以及声波与空气的黏滞阻力来损耗声能，特别是对中高频噪声有较好的吸附能力。城市变电站噪声控制工程较为常用的多孔吸声材料有岩棉、玻璃棉、聚氨酯泡沫、聚酯纤维等。

共振吸声材料是利用亥姆霍兹共振器原理，依靠声波与材料的共振来损耗声能，具有某一特定频段吸声系数高的特点。城市变电站噪声控制工程较为常用的共振吸声材料有铝纤维吸声板、单层或多层微穿孔吸声板及其他组合结构等。

6.2.1.2 多孔吸声材料的分类

1. 纤维类吸声材料

纤维类吸声材料分为有机纤维、无机纤维、金属纤维材料三种。有机纤维吸声材料主要有聚酯纤维以及纶棉等，如图 6-16 所示。这类材料对低频噪声的降噪效果比较差，并且防火、防腐、防潮能力较弱，使用寿命较短，需要经常更换，不适于在变电站工程中应用。

无机纤维吸声材料有玻璃棉、矿渣棉等，如图 6-17 所示。玻璃棉具有体积密度小、热导率低、不燃烧、耐腐蚀、防潮和吸声系数高等优点，在填装过程中能较好地保持原设计性能，但填装过程中纤维会刺激皮肤，要注意劳动保护。超细玻璃棉具有质轻、柔软、安装时不太刺激皮肤等优点，作为吸声材料在工程上得到了广泛应用。但超细玻璃棉吸水率高，因而在潮湿和冷凝结露的环境使用受到限制，必要时可用硅油、环氧树脂做憎水处理。

无机纤维吸声材料的性能皆优于有机纤维材料，具有良好的吸声性能，防火、防腐、不易老化。然而，无机材料的主要问题是受潮后吸声性能下降，从而影响到变电站噪声的处理效果。

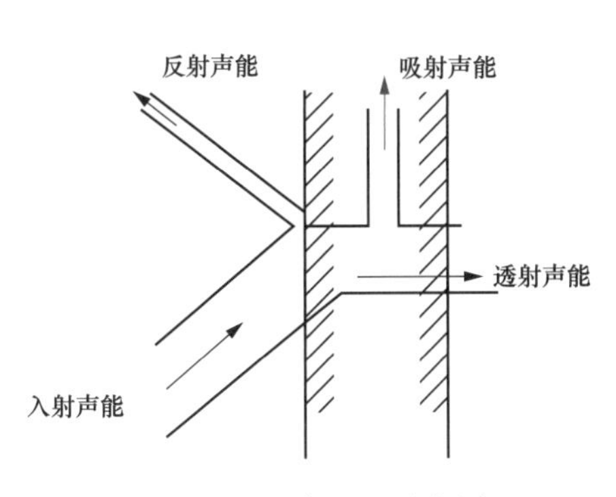

图 6-15　吸声原理示意图

图 6-16　有机纤维吸声材料

金属纤维吸声材料是金属纤维通过冷冲压或高温烧结等工艺制作而成的新型吸声材料，例如铝纤维吸声材料（见图 6-18）、不锈钢纤维材料。铝纤维的密度很小，有很强的耐腐蚀能力，施工用量少，其中铝纤维吸声板具有强度高、不燃、抗风、抗冻、耐水、耐热等耐候性能，特别适合在露天环境中使用，如户外变电站。针对变电站的低频噪声，吸声结构在 100～500Hz 频带的吸声性能应该相对较好。铝纤维吸声板/聚酯纤维棉复合结构在 100～5000Hz 的混响室吸声系数均大于 0.9，其中在 100～500Hz 的平均吸声系数为 0.98，具有出色的低频吸声性能，因此在变电站得到广泛应用。

图 6-17　无机纤维吸声材料

图 6-18　铝纤维吸声板

2. 泡沫类吸声材料

泡沫塑料具有良好的耐热性及韧性，是一种理想的吸声材料。泡沫材料根据其毛孔的形式分为闭孔、开孔和半开孔：微孔相互交织在封闭的状态称为闭孔型泡沫材料；互相连通的称为开孔型泡沫材料；既连通又封闭的则称为半开孔型泡沫材料。

闭孔结构的泡沫材料以闭孔泡沫铝为代表，如图 6-19 所示，其吸声系数比较低，是因为声波很难达到孔隙内部，本身并不能作为良好的吸声材料。半开孔泡沫铝如图 6-20 所示，可以通过高压渗流制备，在其制备过程中，通过控制设备参数，来达到预计的孔连接性。开孔泡沫铝材料如图 6-21 所示，其具有复杂的渠道结构以及表面粗糙的内部孔隙，所以整体吸声性能要比闭孔好得多。

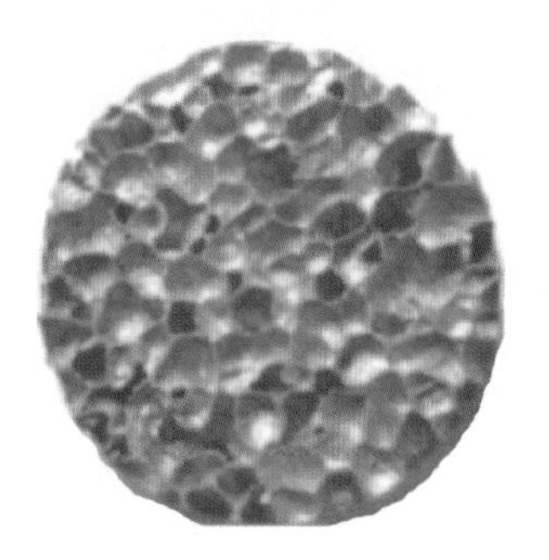

图 6-19　闭孔泡沫铝宏观图

图 6-20　半开孔泡沫铝宏观图

图 6-21　开孔泡沫铝宏观图

壁面吸声工程中，吸声材料常采用吸声构件和空间吸声体的结构形式应用。吸声壁面是将吸声材料以构件的形式安装到室内的壁面位置，如图 6-22 所示，吸收到达壁面的直达声和混响声；空间吸声体是将吸声材料以框架外加包装的形式制成各种形状，安装到屋内顶棚或壁面位置，起到空间吸声的作用。具体到变电站或配电站（室），则主要采用吸声构件组成的吸声壁面，此类壁面一般布设在主要声源四周，其高度经计算得到。通过布设吸声壁面，有效降低户内混响、驻波，整体降低声压级。通过在变电站墙面装设吸声材料来增加墙面的吸声系数，可降低 6～8dB（A）的混响声，但这种技术所需的工程量较大。

6.2.2　吸声结构

除吸声材料外，吸声处理中常采用的另一措施就是采用吸声结构。吸声结构的吸声原理就是亥姆赫兹共振吸声原理。

6.2.2.1　单腔共振吸声结构

单腔共振吸声结构即亥姆霍兹共振吸声器，如图 6-23 所示。单腔共振吸声结构由一个刚性容积和一个连通外界的颈口组成。空腔中的空气具有弹性，类似于一个弹簧；颈口处的小空气柱相当于质量块，组成一弹性系统。当声波入射到颈口时，由于孔颈处的摩擦阻尼，使声能变为热能。当入射声波频率等于共振结构的固有频率时，孔颈处的空气柱发生共振，此时此地的振速为极大值，相应吸收的声能最大。外界频率偏离共振频率时，振速相应减小，吸收声能也变少。这种吸声结构吸声频带较窄，具有较强的频率选择性，多用于低频有明显音调噪声的吸收。一般情况下都是多个共振腔组合使用，通过调节各腔的结构尺寸来适应不同频率的吸收。

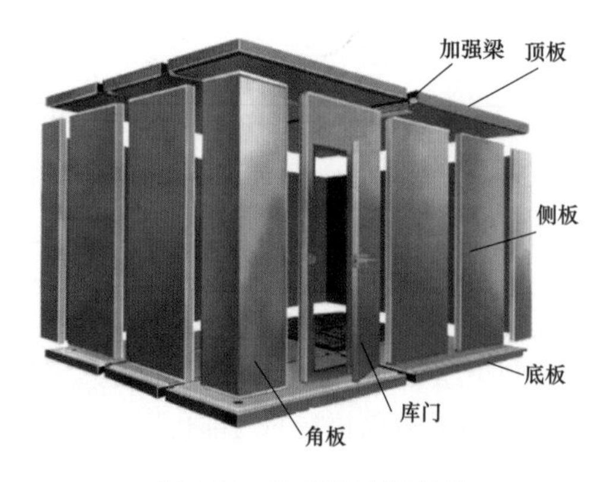

图 6-22　吸声壁面安装图

图 6-23　变电站单腔共振吸声结构

如果想展宽共振吸声结构的有效吸声频带范围，可以在颈口处放置一些多孔吸声材料，或放一层薄的纺织物，以增加颈口处的声阻。对一定的声阻来说，振速越大，消耗的声能越多，声阻只有加在速度极大处才有明显的吸声效果。在空腔内填充多孔吸声材料，也可改善共振效应，但效果不会太好。因为空腔中的平均速度接近于零，不能发挥声阻的效用，如充填不当还容易减弱原有的共振效应。

6.2.2.2 薄板共振吸声结构

将不透气的薄板固定在刚性壁前一定距离处，就构成了薄板共振吸声结构，如图 6-24 所示。这个由薄板和空气层组成的系统可以视为一个由质量块和弹簧组成的振动系统，当入射声波的频率和系统固有频率接近时，薄板就产生共振，内部摩擦将声能转换为热能耗散掉，其主要吸声范围在共振频率附近区域。增加薄板的面密度和空气厚度，可以使结构的共振频率向低频区域移动。常用的薄板共振结构的共振频率处于 80～300Hz，吸声系数可达 0.2～0.5。薄板共振吸声频率范围很窄，只能作为以共振频率附近频域为主要吸声范围的结构。通过两个途径可以适当展宽它的有效吸声范围：①采用密度很小的薄板进行多层组合；②在空腔中填充多孔材料以增加薄板振动的阻尼。如果在薄板与龙骨之间增加海绵、毛毡、软橡胶等弹性材料层，也可以改善整个结构的吸声特性。

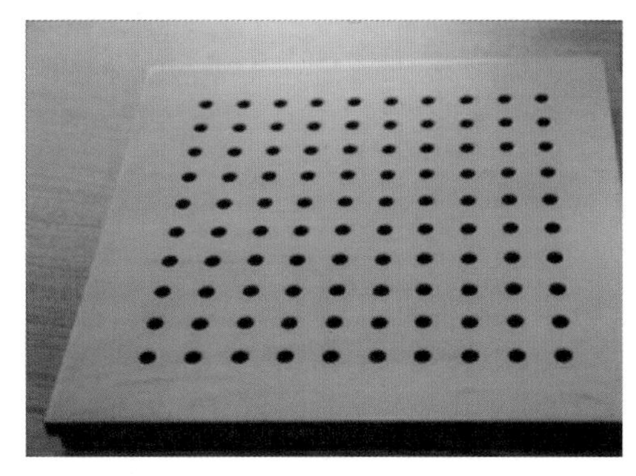

图 6-24 薄板共振吸声结构

6.2.2.3 薄膜共振吸声结构

吸声结构中采用的膜状材料如图 6-25 所示，是指刚性很小、没有透气性、受力拉张后具有弹性的材料，如塑料膜、帆布等。常用膜状共振吸声结构的共振频率在 200～1000Hz，共振频率邻近频域的吸声系数一般为 0.3～0.4。膜状材料主要用于中频范围的吸声，非常薄的膜共振结构的共振频率可处于高频范围。在实用中为改善吸声性能，可在其背后空气层内充填多孔材料，如图 6-26 所示。

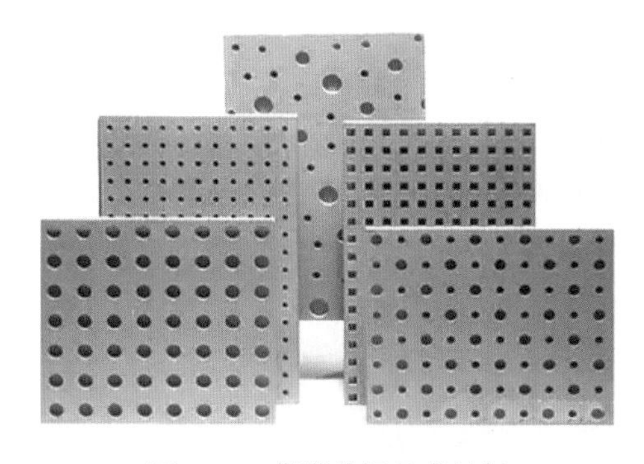

图 6-25 薄膜共振吸声材料

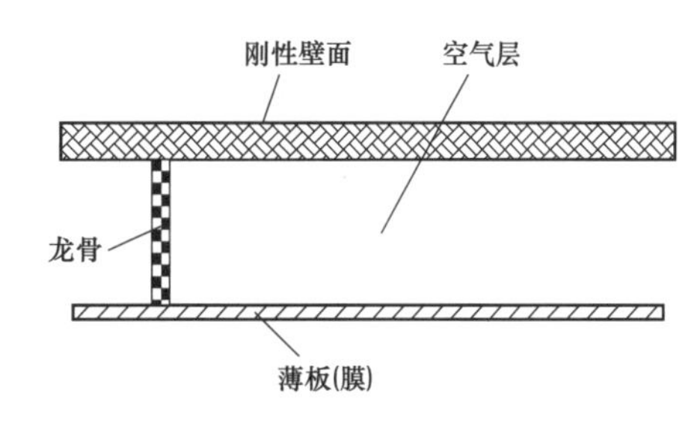

图 6-26 薄膜共振吸声结构

6.2.2.4 穿孔板共振吸声结构

穿孔板是噪声控制工程中使用非常广泛的一种吸声结构，通过板材的选择以及孔的布置，还可以使其具有一定的装饰效果，如图 6-27 所示。在板材上，以一定的孔径和穿孔率打

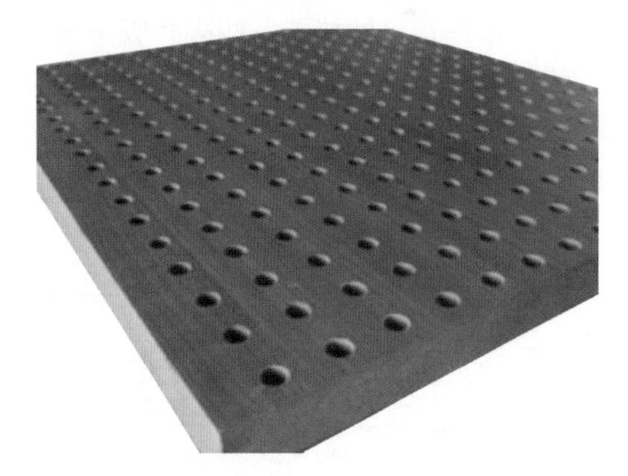

图 6-27　穿孔板共振吸声结构

上孔，背后留有一定厚度的空气层，就成为穿孔板共振吸声结构。这种吸声结构实际上是单腔共振吸声结构的一种组合形式，即为许多并联的亥姆霍兹共振器，二者的吸声机理相同。一般硬质纤维板、胶合板、石膏板、纤维水泥板以及钢板、铝板均可作为穿孔板结构的面板材料。

6.2.2.5　微穿孔板吸声结构和微孔纤维复合吸声板

微穿孔板吸声结构如图 6-28 所示，其低频吸声特性良好，且吸声频带较宽，能较好地满足变电站低频噪声降噪要求。微孔纤维复合吸声板结合了微孔板和铝纤维板的结构特点，如图 6-29 所示，该吸声板以微穿孔板为外层，铝纤维板为内层，通过两层之间的空腔组成一个双共振吸声结构，增加了材料的吸声频带。同时，该微孔板还具有导热性好，适应气候变化，耐水性好，防火性能优良，回收利用方便等优点。微孔纤维复合吸声板在材料的吸声频带及低频吸声系数方面均有很大程度的提高，该板在 200～1600Hz 的吸收频带内吸声系数达到 0.8 以上，是变电站噪声治理的理想吸声材料。此外，铝纤维吸声板与微穿孔板复合的新型吸声结构在 63～500Hz 倍频程范围内具有较高的吸声系数，而且具有良好的中高频吸声性能。

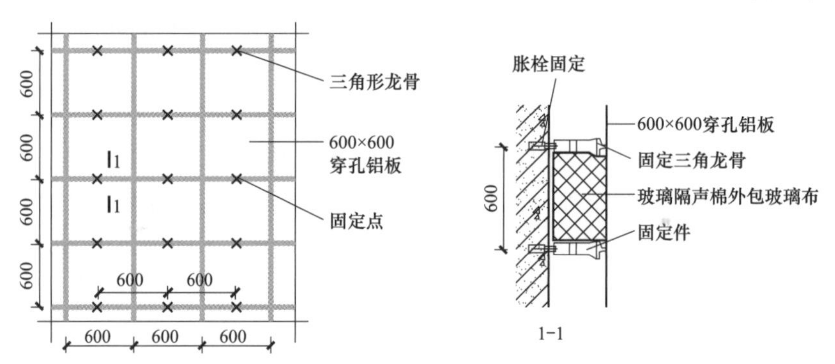

图 6-28　铝合金微穿孔板吸声结构示意图

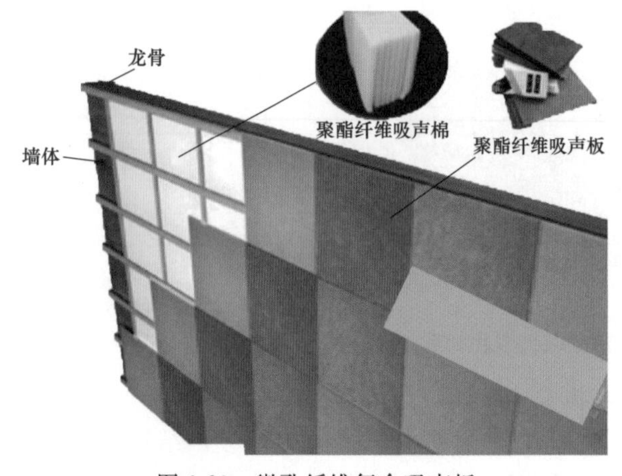

图 6-29　微孔纤维复合吸声板

6.2.2.6 特殊吸声结构

空间吸声体是一种悬挂在室内空间中专为吸声目的而制作的吸声构造。其与一般吸声结构的区别在于它不是与顶棚、墙体等壁面组成的吸声结构，而是自然体系。空间吸声体可以预先制作，并直接进行现场吊装，非常便于装卸维修。

6.3 消 声 技 术

消声技术是指使用吸声结构作为内衬或者应用具有特殊构造的气流管道来阻隔噪声传播的方法，这种既能允许空气流通过又能有效地防止或减少设备的声能向外传播的设备称为消声器。对于室内变电站的噪声源和室外的风机噪声，可以采取在进口安装消声器进行减噪消声处理。主变压器进出风口的消声器宜采用阻抗复合消声器，既可以降低主变压器产生的中低频噪声，又可以减小通风风机的中高频噪声。

6.3.1 阻性消声器

阻性消声器是一种吸收型消声器，利用声波在多孔吸声材料中传播时摩擦将声能转化为热能而散发掉，从而达到消声的目的。材料的消声性能类似于电路中的电阻耗损电功率，从而得名。一般说来，阻性消声器具有良好的中高频消声性能，低频消声性能较差。

市面上现有的消声器包括直管式、折板式和迷宫式三类结构。一般而言，迷宫式消声性能最佳，能降噪 26dB；折板式消声性能次之，降噪 25dB；直板式消声效果相对较差，降噪量为 23dB。

6.3.1.1 百叶式消声器

百叶式消声器常称为消声百叶或称消声百叶窗。百叶式消声器实际上是一种长度很短（一般为 0.2～0.6m）的片式或折板式消声器的改型。由于其长度（或称厚度）很小，有一定消声效果而气流阻力又小，因此在工程中常用于车间及各类设备机房的进排风窗口、强噪声设备隔声罩的通风散热窗口、隔声屏障的局部通风口等，如图 6-30 所示。

百叶式消声器的消声量一般为 5～15dB，消声特性呈中高频特性。其消声性能主要取决于单片百叶的形式、百叶间距、安装角度及有效消声长度等因素。

6.3.1.2 直管式消声器

直管式消声器如图 6-31 所示，它是阻性消声器中最简单的一种形式，吸声材料衬贴在管道侧壁上，适用于管道截面尺寸不大的低风速管道。

6.3.1.3 片式消声器

对于流量较大需要足够通风面积的通道，为使消声周长与截面比增加，可在直管内插入板状吸声片，将大通道分隔成几个小通道，如图 6-32 所示。当片式消声器每个通道的构造尺寸相同时，单个通道的消声量即为该消声器的消声量。

6.3.1.4 蜂窝式消声器

蜂窝式消声器如图 6-33 所示，它由若干个小型直管消声器并联而成，形似蜂窝。蜂窝式消声器因管道的周长 L 与截面 S 的比值比直管和片式大，故消声量较高，且由于小管的尺寸很小，使消声失效频率大大提高，从而改善了高频消声特性。但蜂窝式消声器构造复杂，且阻损也较大，通常使用在流速低、风量较大的情况。

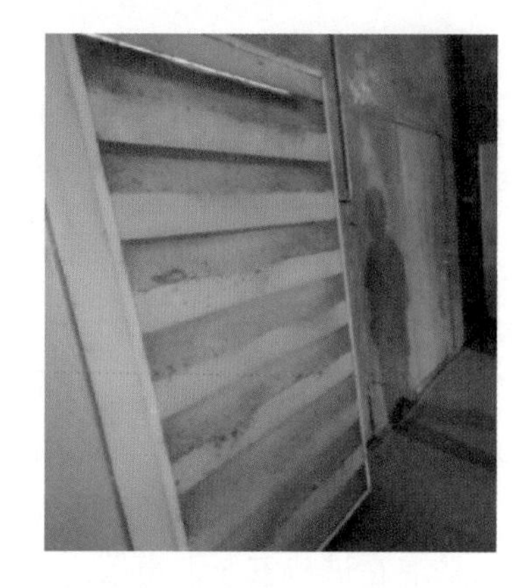

图 6-30　百叶式消声器

图 6-31　直管式消声器

图 6-32　片式消声器

图 6-33　蜂窝式消声器

6.3.1.5　折板式消声器

折板式消声器如图 6-34 所示，它是片式消声器的变型。在给定直线长度情形下，该种消声器可以增加声波在管道内的传播路程，使材料更多地接触声波，特别是对中高频声波，能增加传播途径中的反射次数，从而使中高频的消声特性有明显改善。为了不过大地增加阻力损失，曲折度以不透光为佳。对风速过高的管道，不宜使用该种消声器。

6.3.1.6　迷宫式消声器

迷宫式消声器如图 6-35 所示，它由将若干个室式消声器串联起来而成。其消声原理和计算方法类似单室，特点是消声频带宽，消声量较高，但阻损较大，适用于低风速条件。

图 6-34　折板式消声器

图 6-35　迷宫式消声器

6.3.2 抗性消声器

抗性消声器如图 6-36 所示，与阻性消声器不同，它不使用吸声材料，仅依靠管道截面的突变或旁接共振腔等在声传播过程中引起阻抗的改变而产生声能的反射、干涉，从而降低消声器向外传播的声能，达到消声的目的。这类消声器的选择性较强，适用于窄带噪声和中低频噪声的控制。

6.3.3 阻抗复合式消声器

在实际噪声控制过程中，噪声以宽频带居多，因此通常将阻性和抗性两种结构消声器组合起来使用，图 6-37 所示即为阻抗复合式消声器。由于声波在传播过程中具有反射、绕射、折射和干涉等现象，所以消声量的值并不只是简单的叠加关系。尤其对于波长较长的声波来说，当消声器以阻性、抗性的形式复合在一起时会有声的耦合作用，因此互相会有影响。

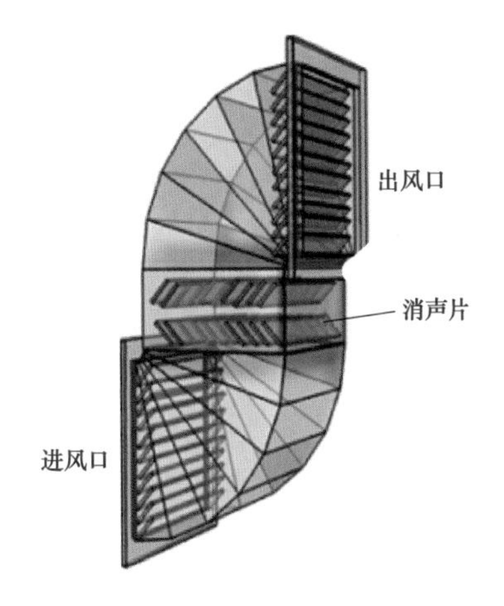

图 6-36 抗性消声器结构图

图 6-37 阻抗复合式消声器

6.4 振动隔离技术

6.4.1 隔振原理

隔振技术主要适用于室内变压器或城市配电房产生的结构噪声治理。隔振是降低设备结构噪声的重要措施，如图 6-38 是变压器的振动来源，常见的隔振方法是采用隔振阻尼垫和隔振器：①在变压器与地基之间加装隔振器，减弱其通过地基传递给周围环境的结构噪声；②在铁心垫脚处和磁屏蔽与箱壁之间放置防振胶垫，使铁心和磁屏蔽振动传到油箱时由刚性连接转变为弹性连接，减少振动，防止共振；③在铁心和油箱定位处的螺杆与受力部件之间加入绝缘层压木，防止刚性接触而发出金属撞击产生的噪声。

6.4.2 隔振器

隔振器是一种弹性支撑元件，使用时可作为机械零件进行装配安装。常用的隔振器可分为金属弹簧隔振器、橡胶隔振器及橡胶空气弹簧隔振器。

6.4.2.1 金属弹簧隔振器

金属弹簧隔振器如图 6-39 所示，它是国内外应用比较多的隔振器，适用于 12～15Hz 的频率范围内，其中螺旋弹簧隔振器的应用最为广泛。金属弹簧隔振器具有弹性好、耐腐蚀、

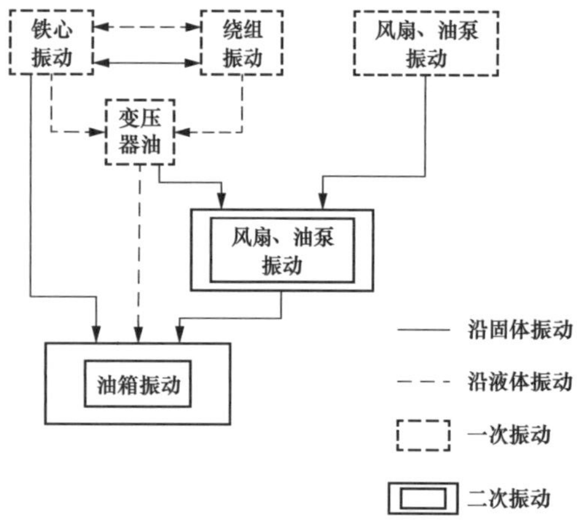

图 6-38　变压器振动噪声

耐高温、寿命长、阻尼性能好及承载能力高的优点，其缺陷是对于一些阻尼系数小的隔振器很容易发生共振，进而容易造成机械设备的损坏，所以使用时应该在弹簧两侧加橡胶垫板或在钢丝上粘附橡胶来提高阻尼。此外，金属弹簧的水平刚度相比于竖直刚度较小，很容易发生颤动，因此需要附加阻尼材料。

6.4.2.2　橡胶隔振器

橡胶隔振器一般应用在中小型设备的隔振，适用在 4～15Hz 的频率范围内。橡胶隔振垫在轴向、横向及回转方向均具有比较好的隔振性能。相比于金属材料，橡胶内部阻力很大，高频振动隔离性能好，故隔声效果很好。

由于橡胶具有成型容易且与金属牢固粘结的特点，因而可以设计出多种形状的隔振器，如图 6-40 所示，具有重量很轻、价格便宜、体积较小、适用温度广普通橡胶（隔振器适用的温度为 0～70℃）的优点，缺点是且易老化、不耐油污、承载能力较差。

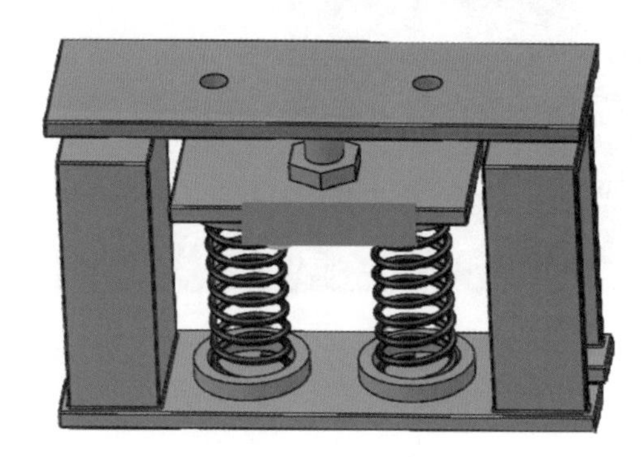

图 6-39　金属弹簧隔振器

图 6-40　橡胶隔振器

6.4.2.3　橡胶空气弹簧隔振器

橡胶空气弹簧隔振器如图 6-41 所示，其橡胶隔振器的作用原理完全不同，橡胶隔振器是靠橡胶本体的弹性形变产生隔振效果，而橡胶弹簧隔振器是靠橡胶气囊中的压缩空气变化产生隔振效果，具有工作固有频率低（0.1～5Hz）、共振阻力性能好的优点。其缺点是价格很高及承载能力较弱，目前此类隔振器应用较多。

图 6-41　橡胶空气弹簧隔振器

6.4.3　隔振垫

隔振垫由具有一定弹性的柔软材料，如软木、毛毡、海绵、玻璃纤维以及泡沫塑料等构成。由于弹性材料本身的柔软特性，其通常没有确定的形状尺寸，实际应用中可根据具体需要来拼排或裁切材料。专用橡胶隔振垫在工业中应用较为广泛。

6.4.3.1 金属橡胶隔振垫

图 6-42 所示的金属橡胶隔振垫与橡胶隔振器相似，其主要优点是：①具有持久的弹性；②价格低廉、有良好的隔振和隔声性能，能够满足刚度和强度的要求；③具有较好的阻力性能，可以吸收机械能量尤其是高频振动能量。由于橡胶和金属表面间能牢固地粘接，因此橡胶隔振垫易于制造安装，并能够通过多层叠加来减小刚度，改变其范围频率。其寿命一般在 5～8 年。橡胶隔振垫适用于 10～15Hz 的频率范围，如采用多层叠放的方式，其频率可低于 10Hz。

6.4.3.2 毛毡

毛毡如图 6-43 所示，适用于 30Hz 的频率范围。毛毡作为隔振垫的优点包括：①价格很便宜，易安装，可任意裁剪拼接；②与其他材料的表面粘接性较强。毛毡一般由天然材料制成，防火防水性能比较差，但在老化防油方面具有一定的优势。

6.4.3.3 玻璃纤维

玻璃纤维如图 6-44 所示，作为弹性垫一般应用在对机器或建筑物基础的隔振。玻璃纤维的优点是防火性能很好，耐腐蚀，在其弹性范围内施加载荷不容易变形，温度变化时的弹性比较稳定。其缺点是在受潮后隔振效果会下降。

图 6-42 金属橡胶隔振垫

图 6-43 毛毡

图 6-44 玻璃纤维

6.4.3.4 海绵橡胶和泡沫塑料

橡胶和塑料是不可压缩的，在其变形时体积一般不变，如果在橡胶或塑料内形成气体的微孔则会产生压缩性，经过发泡处理的橡胶和塑料称为海绵橡胶和泡沫塑料，如图 6-45 和图 6-46 所示。由海绵橡胶和泡沫所构成的弹性支撑系统的优点主要有：①有很软的支撑系统；②裁剪拼接方便，安装容易；③载荷特性为显著的非线性。其缺点是产品难以满足品质的均匀性。

图 6-45 海绵橡胶

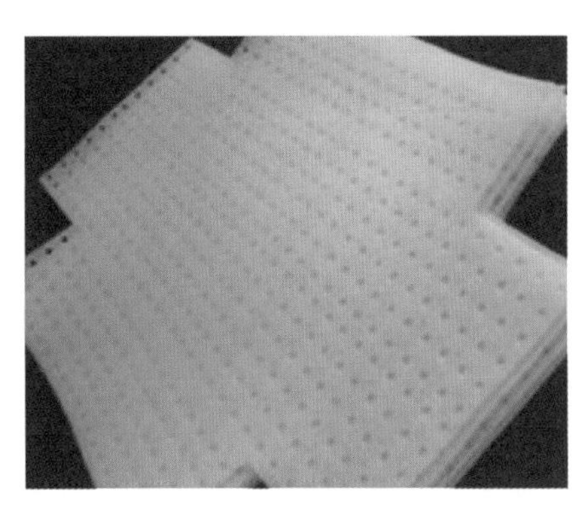

图 6-46 泡沫塑料

6.5 阻尼减振技术

6.5.1 阻尼减振原理

阻尼是指耗损振动能量的能力，就是将机械振动和声振的能量转变成热能或其他可耗损的能量，从而达到减振及降噪的目的。一般常见的金属材料，如钢、铝、铜等，其固有阻尼都很小，因此常用外加阻尼材料的方法来增大其阻尼，使沿结构传递的振动能量迅速衰减。使用金属板材做隔声罩、隔声屏或通风通道时，由于金属板材容易受激发振动而产生噪声，为了更有效地抑制振动，需要在薄的钢板上紧紧贴上或喷涂一层内摩擦阻力大的黏弹性、高阻尼材料，如沥青、石棉漆、软橡胶或其他黏弹性高分子涂料配制成的泥浆，这种措施称为减振阻尼。减振阻尼是噪声与振动控制的重要手段之一，图 6-47 所示是有阻尼结构和无阻尼结构的比较。

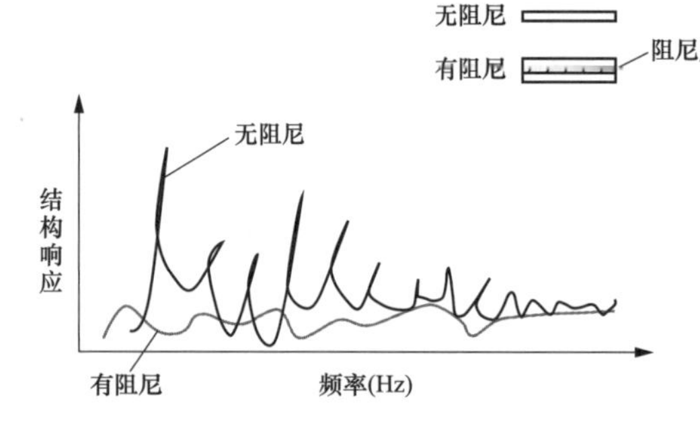

图 6-47　有阻尼结构和无阻尼结构的比较

阻尼减振可以解决宽频带振动和噪声环境下多自由度系统的结构振动问题。其与振动隔离技术的阻尼原理一样，但应用和设计概念却不相同，前者是系统阻尼，主要是机械设计和机械运转时考虑接合处的效应问题，后者是对大面积金属板壳采取阻尼涂料的办法抑制振动。

6.5.2 减振阻尼材料

常用的阻尼材料根据性质可以分为黏弹性阻尼材料、金属类阻尼材料、液体阻尼涂料和沥青类阻尼涂料。阻尼橡胶和阻尼塑料属于黏弹性阻尼材料，应用最为广泛。阻尼油漆和阻尼涂料这类液体涂料由于使用方便，在工程中也得到了一定的应用。阻尼合金、阻尼复合钢板在许多特殊场合，特别是作为哑声金属直接用作结构性材料更为方便。

6.5.2.1 高分子（黏弹性）阻尼材料

高分子阻尼材料如图 6-48 所示，是目前应用比较广泛的一种阻尼材料，分为橡胶和树脂两大类。为了便于应用，生产厂家一般将高分子阻尼材料做成板块状，并用专用的粘结剂贴在需要减振的结构上。有的在板块材料上预涂一层专用胶，用专用隔离纸保护，使用时只需撕去隔离纸，直接贴在结构上，施加一定压力即可粘牢。

6.5.2.2 阻尼钢板

阻尼钢板（如图 6-49 所示）常用于变电站，也称作夹心钢板，是一种约束型阻尼结构，刚度和强度由钢板保证，阻尼由阻尼材料保证。阻尼钢板的加工性能和普通钢板一样，即可以剪切、弯曲、冲压、打孔、焊接等。阻尼钢板在隔声门、隔声窗框方面都得到了广泛的应用。

6.5.2.3 液体阻尼涂料

液体阻尼涂料如图 6-50 所示，是由高分子树脂加入适量的辅助材料配制而成，可以直接喷涂在各种金属表面，施工十分方便。阻尼涂料具有减振、降噪、隔振和一定密封性能，可以直接喷涂作业，在任何结构表面上都可以涂布，特别适用于表面形状和结构复杂的各种机械。

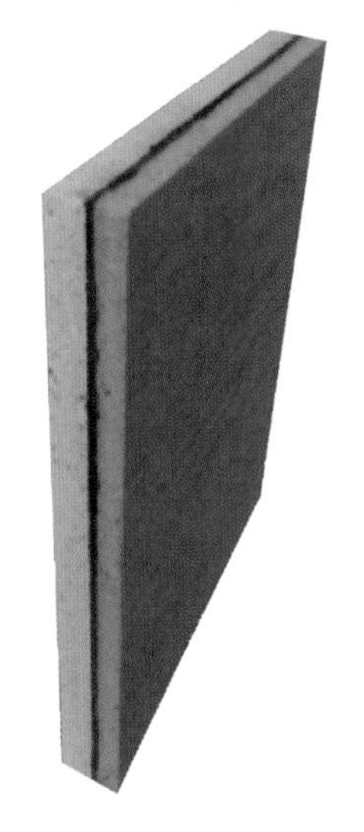

图 6-48 高分子阻尼材料

图 6-49 变电站阻尼钢板

6.5.2.4 沥青阻尼材料

沥青阻尼材料如图 6-51 所示，其主要以沥青为基本材料，并配加大量的无机填料混合物，价格低，使用方便，结构损耗因子随厚度的增加而增大。缺点是：①耗损因子和弹性模量都不太高；②温度敏感性强，温度较高时，容易软化流淌，温度较低时容易脆化破碎；③防火性能差，燃烧时会产生有害气体。为了改善沥青阻尼材料的性能，可在沥青中加入适量的橡胶，也可以加入聚乙烯、聚丙烯等合成树脂类材料，以提高沥青在高温时的稳定性，减弱低温脆性，并增加耐磨和耐用性。

图 6-50 液体阻尼材料

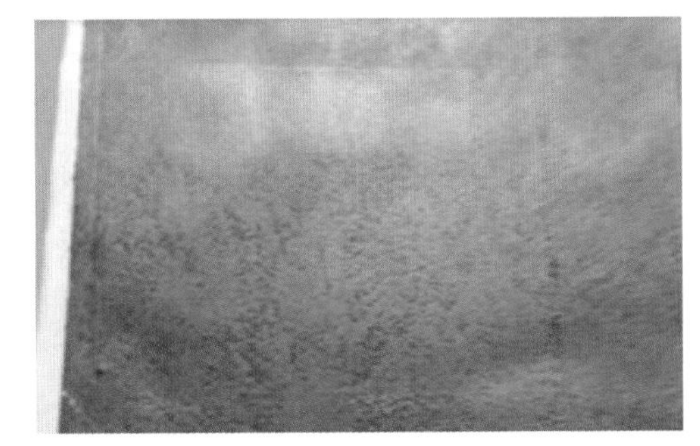

图 6-51 沥青阻尼板

6.5.3 附加阻尼结构

附加阻尼结构是利用阻尼材料提高机械结构阻尼的主要结构形式之一。它是在各种形式、用途的结构件上直接粘附一层包括阻尼材料在内的结构层，增加构件的阻尼性能，以提高其抗振性、稳定性和降低噪声。直接粘附的附加阻尼结构形式有：自由层阻尼结构和约束层阻尼结构两种。

6.5.3.1 自由层阻尼结构

自由层阻尼结构是将涂料涂在金属板一面或两面，其结构如图所示 6-52（a）所示，这种做法叫作自由阻尼层，又称拉伸型。当结构振动时，粘贴在结构表面的阻尼材料产生拉伸压缩变形，把振动能转化为热能，从而起到减振作用。

6.5.3.2 约束层阻尼结构

在振动的金属板上粘贴一层弹性材料的阻尼层，其外覆盖一金属片叫作约束阻尼层，其结构如图 6-52（b）所示。当结构振动时，阻尼材料产生拉伸（压缩）变形后，将一部分振动能量转化为热能，从而达到减小结构振动的目的。约束层阻尼处理可以提供较大的结构损耗因子，具有较好的减振效果。约束层阻尼涂层的施工及制作要求比较高，价格贵，比起自由阻尼层的工艺简单，费用低，它的抑制效果要比自由阻尼层好得多。

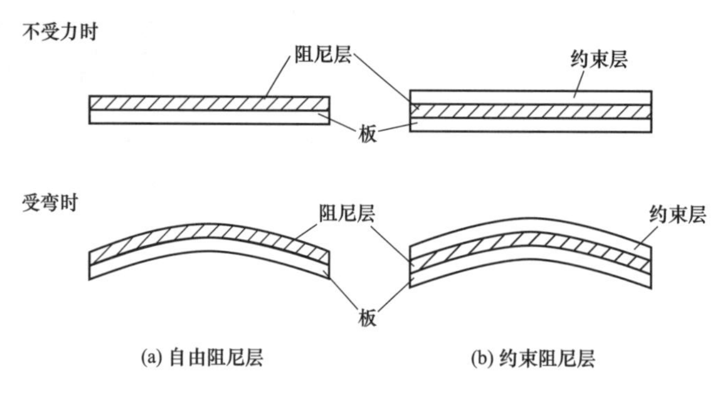

图 6-52 阻尼涂层示意图

对于一定厚度的金属板，阻尼层的减振性能与涂层的厚度有关。就减振效果而言，阻尼层越厚越好，但过厚会加重板的重量，实际工程中自由阻尼层一般为金属板厚的 2～4 倍为好，如 1mm 厚的钢板做隔声罩需要涂覆 2～4mm 厚的阻尼层。同时还要注意，在涂刷前须先清除钢板上的油污，以保证阻尼材料能紧密地附粘在钢板上。为保证涂层的厚度可以分层涂刷，以保证得到良好的效果。

6.5.3.3 附加阻尼结构的选用要求

实践证明，不同的阻尼结构和不同的处理方法会有不同的减振效果，也就是说合理选用阻尼材料和设计合理的阻尼结构，是取得较好阻尼减振效果的关键。

1. 附加阻尼结构的选择

一般来说，适用于拉压变形耗能的多采用自由阻尼结构，适用于剪切耗能的多采用约束阻尼结构，同时还需考虑处理工艺简单可靠。

2. 合适的阻尼材料

除了要选择合适结构外，还需要选择合适的阻尼材料，特别要着重考虑材料的工作范围，因为许多阻尼材料在不同温度时材料耗损因子会相差好几个数量级。加宽阻尼结构对温度的适应性要求，可以采用多种措施，如适当降低对材料耗损因子的要求，满足工作温度范围要求；或者采用不同工作温度的阻尼材料制成多层阻尼结构，加宽温度适应范围和频率适用范围；增加结构刚度参数，也可以提高对频率和温度的适应性。

3. 阻尼材料粘贴位置

阻尼材料粘贴位置对阻尼处理效果也有影响，因为机件在不同振动模态时波幅和波节分布不同，如果把阻尼结构粘贴在波幅处，显然减振和降噪效果会优于其他位置粘贴的效果。在结构全面积粘贴阻尼结构会造成浪费，实际往往采取局部粘贴进行减振降噪，这就需要对阻尼处理位置的优化。

6.6 噪声有源控制技术

上述控制噪声的声学措施有吸声、隔声及使用消声器等方法，这些方式统称为无源噪声控制，它们大多数对中高频噪声有效。

1933年，德国物理学家PaulLeug，开创了有源噪声控制（Active Noise Control）研究的先河。如图6-53所示，管道中的噪声由A产生，传声器M检测信号并将其转化为电信号，电信号由V放大并实现一定的相位移，然后激励L发声，图中S1、S2分别是由A和L产生的声波。

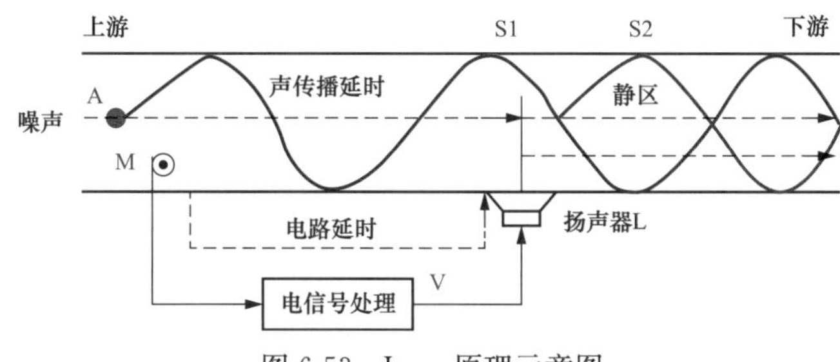

图6-53　Leug原理示意图

扬声器发出的声波实际上是原来声波的镜像，两者叠加使得源频率的声波在扬声器的下游获得抵消。

6.6.1　有源噪声控制原理

自适应噪声控制的概念是基于声波的杨氏干涉原理延伸而来。该原理认为，在任何声场中，频率相同、传播方向相同的两列声波叠加产生干涉现象，干涉后的声波总声压振幅有可能增加，也可能减少，其结果主要由两列声波的声压振幅和相位决定。基于此，理论上只要添加的是与初级声源振幅相同而相位相反的次级声源就可以抵消初级声源的信号，如图6-54所示，就能达到降噪的目的。

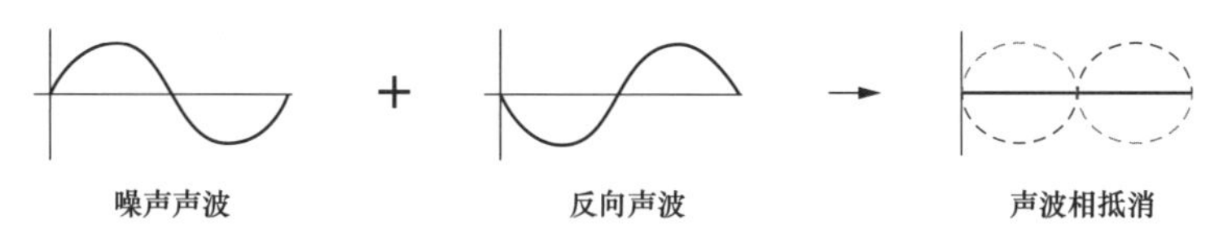

图6-54　声波抵消示意图

有源噪声控制是在噪声源附近（通常离变压器1m以内）放置若干个噪声发生器，使其分别产生与变压器基频噪声及各高频噪声幅值相反的噪声，通过相互抵消使变压器发出的噪声受到抑制和衰减。有源噪声控制系统由误差信号调节器、传感器和电子控制装置三部分组成。根据两列声波相消干涉或声抑制的原理，在管道上游布置的前置传声器拾取噪声信号，经电信号处理馈送给管道下游的次级声源，调整次级声源的输出（大小相等、相位相反），使得在下游与原噪声信号干涉削弱，从而实现静区的目的，如图6-55所示。

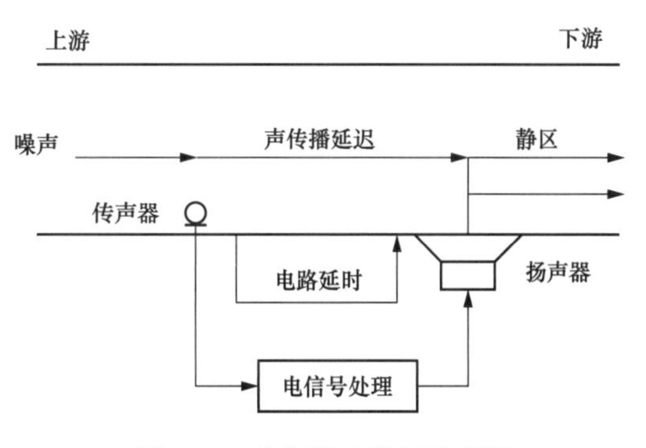

图6-55　有源噪声控制示意图

有源噪声控制系统根据传声器的特性分为前馈控制系统、反馈控制系统及将两者的优点有效结合的混合控制系统。不同的控制系统都有自己的适用条件，不同的应用环境下有不同的优缺点。在参考传声器的数量比较多并且能有效工作的情况下，前馈控制系统比反馈控制系统要好许多。但是，由于较多的参考传声信号的引入，使得控制器的运算量巨大，这对控制器的配置及控制器算法的要求很高。在一些情况下，由于各种原因不能够取得参考传声输入信号时，只能选择反馈控制系统。但正是由于参考传声信号的不引入，使得控制器计算量小。

6.6.1.1 前馈控制系统

从大部分的应用情况来看，前馈方式要优于反馈方式。有源噪声控制系统的设计多数是在前馈方式的基础上实现的。图 6-56 和图 6-57 分别是前馈控制系统框图和控制图。

$x(n)$ 表示放置在初级噪声源 $P(n)$ 附近的参考传声器测量的信号。$y(n)$ 表示 $W(z)$ 前馈控制器输出给次级声源扬声器的信号。$e(n)$ 表示放置在次级声源扬声器不远处的误差传声器的信号，它不仅接收 $x(n)$ 经过 $H_3(z)$ 传递函数所传来的信号，还接受 $y(n)$ 经过 $H_3(z)$ 次级通道传递函数传来的信号。$W(z)$ 前馈式控制器接收的信号既有参考信号 $x(n)$，也有误差信号 $e(n)$，控制器会对参考信号 $x(n)$ 和误差信号 $e(n)$ 进行滤波和移相等软件处理，使得 $y(n)$ 成为具有一定特点的、带有任务和目的性的输出信号，$y(n)$ 最终作为激励信号驱动次级声源扬声器。这样，$W(z)$ 前馈式控制器通过 $e(n)$ 误差信号传来的数据进行修正调整控制参数，使得整个系统的消声效果根据设定的误差基准线达到最佳状态。

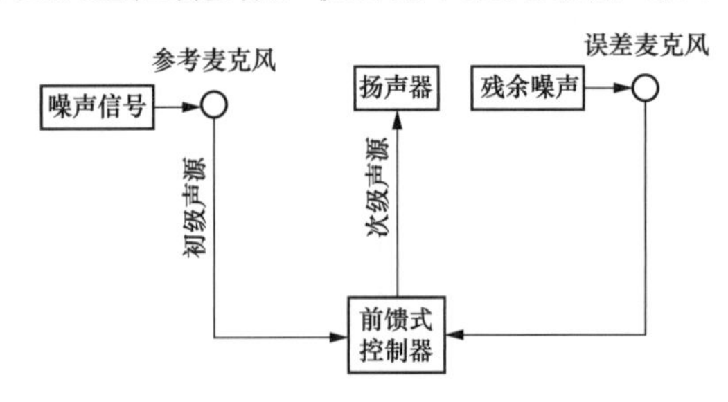

图 6-56 前馈控制系统框图

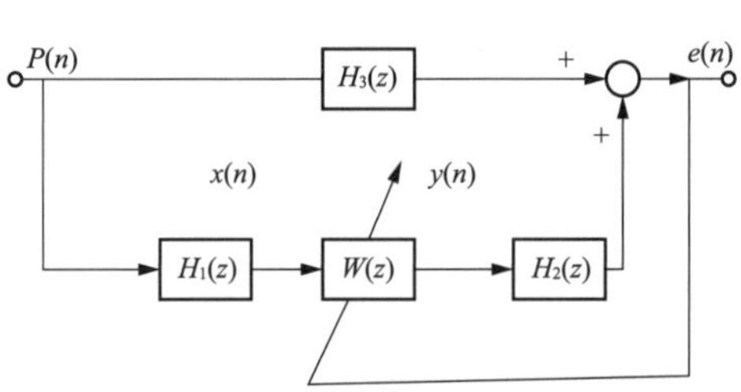

P(n) H3(z) + e(n) + x(n) y(n) H1(z) W(z) H2(z)

图 6-57 前馈控制系统控制图

前馈控制系统在有源降噪领域内是相对比较成熟和普遍使用的控制方法。前馈噪声控制是研究有源噪声降噪控制的重要依据，其余的各种控制结构和控制方法都是基于它的结构设计的。

6.6.1.2 反馈控制系统

与前馈方式相比，反馈方式的不同点是控制器的输入方式和输入对象不同。反馈方式采用的传声器的个数和传声器放置的位置与前馈方式不一样。反馈控制系统框图和控制图如图 6-58、图 6-59 所示。

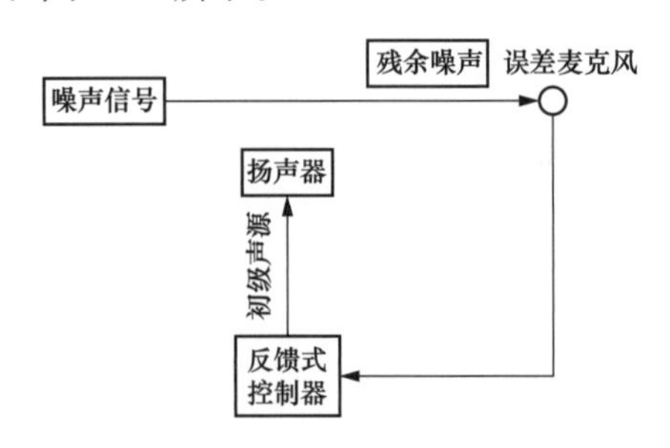

图 6-58 反馈控制系统框图

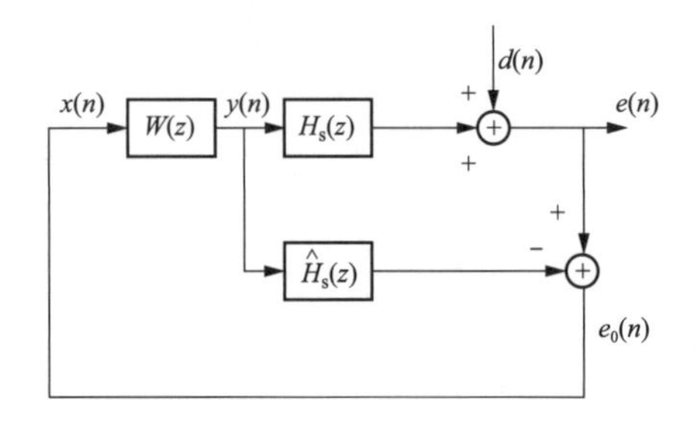

图 6-59 反馈控制系统控制图

反馈控制系统不需要参考传声器信号的输入，也就是不需知道关于原始初级噪声的信息，而通过对误差通道建模和系统结构设计来获得参考信号。$H_s(z)$ 为误差通道传递函数. $H_s(Z)$ 为 $Hz(z)$ 的估计，$e(n)$ 为误差信号，$y(n)$ 是次级信号，$W(z)$ 为反馈控制器，$d(n)$ 是期望的信号，$e_o(n)$ 为控制器的输入。工作步骤是：反馈控制系统把误差传声器 $e(n)$ 信号输入到控制器 $W(z)$，控制器 $W(z)$ 会自适应调节其内部迭代权系数和改变迭代步长，经过运算后，使得输出与期望的误差尽可能小，从而达到降低噪声的目的。

6.6.2　有源噪声控制系统的应用现状

有源噪声控制技术对低频噪声有较好的控制效果，而这恰恰与变压器噪声频谱特性主要集中在500Hz以下的100Hz的整数倍的低频特性相契合。所以变压器噪声的有源自适应控制系统形成产品后，可以使变电站外围空间能够感受到的低频噪声控制在符合环境质量标准所提出的要求范围内。有源噪声控制不仅消声量可达很高，而且体积小，便于设计和控制，在城市变电站中具有广阔的应用前景。有源噪声控制的也有不能令人满意的地方，主要原因有：①系统稳定性和降噪效果令人不满意；②通用性差，过分依赖初级声源和空间环境的特性；③构造复杂，需要专业人员进行维护与操作，如图6-60所示。由此可见，实现有源噪声控制系统在居民中普遍使用还需要各方面的不懈努力。与传统的无源降噪方法相比，有源噪声控制系统理论上的消声量可以达到很高，但实际应用中需要复杂的控制系统，这在软、硬件方面都存在很大困难。另外，有源控制系统中采用的电子设备价格过于昂贵。

图6-60　有源降噪装置机箱

6.7　其他新技术及应用前景

6.7.1　变压器本体降噪技术

6.7.1.1　铁心

变压器噪声源的大小直接取决于铁心所用硅钢片磁致伸缩的大小，磁致伸缩越大，噪声水平越高。因此，降低变压器噪声最根本、最有效的方法就是控制和减小硅钢片的磁致伸缩。对铁心降噪采用的措施主要有以下几个方面：①选择磁致伸缩小的优质硅钢片；②降低铁心的额定工作磁通密度；③采用全斜交错接缝的铁心结构；④增大铁轭面积以减少铁轭中的磁通密度；⑤增加铁心接缝；⑥控制铁心夹紧力；⑦在铁心垫脚与箱底之间放置减振橡胶；⑧设计铁心几何尺寸时应避免谐振；⑨采用先进的加工工艺，避免各种外力对磁致伸缩的不良影响；⑩改进铁心与油箱之间的机械连接方式，使通过垫脚传递给油箱的振动减少。

6.7.1.2　油箱及其结构件

铁心的磁致伸缩振动是以箱壁振动噪声的形式均匀地向四周发射的。为减少箱壁的振动幅度，必须设法提高整个油箱的刚性。如适当增加箱壁厚度和增加加强铁的数目、合理选择油箱加强铁的形状及焊接位置等，均能提高整个油箱的刚性。

国内外的实践经验证明，对于变压器及带有气隙的铁心电抗器而言，只需要考虑其中的基频及 2～4 次高频成分，即油箱及其结构件的固有振动频率应该避开铁心磁致伸缩的基频以及 2～4 高频的频带范围，以防止产生谐振。

6.7.2 变压器冷却装置降噪技术

除变压器本体外，冷却装置产生的噪声也是非常大的。对于强油风冷式变压器冷却装置，主要是降低冷却风扇和变压器油泵的噪声；对于强油自冷式变压器冷却装置，主要是降低自冷式散热器和变压器油泵的噪声。

6.7.2.1 冷却风扇

冷却风扇运行时的噪声主要是由叶片附近产生的气流旋涡引起的。降低风扇转速、改良叶片形状、提高叶片平衡精度、增大直径和轮毂比以及用纤维增强塑料（FRP）制作叶片等，都可使冷却风扇的噪声明显降低。

6.7.2.2 自冷式变压器散热器

自冷式散热器的噪声主要是变压器本体的振动分别通过输油管路这条固体路径和管路中绝缘油这条液体路径传递到散热器后引起的振动噪声，因此分别隔断通过输油管路以及管路中绝缘油传递给散热器的来自变压器本体的振动是降低自冷式散热器噪声最有效的技术措施。

6.7.2.3 变压器油泵

变压器油泵的噪声主要是由于电动机轴承等部分的摩擦而产生的，是以 600～1000Hz 频率为主体的摩擦噪声。为降低噪声，可选用摩擦噪声小的精密级轴承，并适当降低电动机的转速。此外，把变压器油泵安装在变压器本体油箱和隔声壁之间，也能起到降低噪声的效果。

6.7.3 变电构架噪声源降噪技术

带电导体表面场强超过某一数值后，将引起附近空气的电离，形成电晕。电晕不仅造成电能损失，还会导致无线电干扰及产生可听噪声。变电构架所产生的噪声主要为电晕噪声，噪声集中在 50～60dB（A），可采用以下方法降低变电构架的电晕噪声：

（1）对于变电构架下均压环和隔离开关终端均压球造成的电晕噪声，可通过增大管母终端球直径，控制场强，并将末端耐张绝缘子均压环管径取到更大尺寸，来减小均压环和均压球电晕噪声。另外，保持均压环及终端均压球表面光滑、无形变、无毛刺，也有利于降低其电晕噪声。

（2）变电站内高压线路电晕噪声可通过调整导线直径、导线分裂数及控制导线表面场强等方法增大导线起晕场强，减少线路起晕，从而达到降低其电晕噪声的目的。

（3）扩大终端金具管径或采用四环法对金具进行优化，可显著降低金具的电晕噪声。

图 6-61 穿越村庄的输电线路

6.7.4 输电线路降噪技术

输电线路如图 6-61 所示，其带来的风噪声和电晕噪声以及对环境的影响问题越来越受到人们的关注。日本从 20 世纪 60 年代后期建设超高压线路开始，即对输电导线风噪声和电晕噪声的机理及其防治进行了不断研究并积累了丰富的经验。降低导线风噪声和电晕噪声水平的方法主要是在导线表面缠绕扰流线或直接使用低噪声导线。

6.7.4.1 导线上缠绕扰流线的连接方式

导线风噪声一般是指自然风作用在导线上所产生的人耳难以忍受的声音。风噪声的振动频率为50～250Hz，属于声音的低频范围。

导线风噪声是随着气流从导线周围剥离引起压力变动而产生的，因此设法改变导线断面形状或者增加导线表面的粗糙度，使气流处于乱流剥离状态，就有可能降低导线风噪声。具体办法是开发用铝线或铝包钢线制成的扰流线。但其副作用是，在导线上缠绕绕流线后，导线的电晕噪声和无线电干扰水平均略有增加。

在超高压输电线路导线上缠绕扰流线主要有三种不同的方式，如图6-62所示：第一种是对角2条缠绕方式，如图6-62（a）所示；第二种是对角密着4条缠绕方式，如图6-62（b）所示；第三种是密着2两条缠绕方式，如图6-62（c）所示。经试验证明，三种缠绕方式对降低导线风噪声均有效，其中密着4条缠绕和密着2条缠绕不仅能降低导线风噪声，并且对降低导线电晕噪声也有很好的效果。

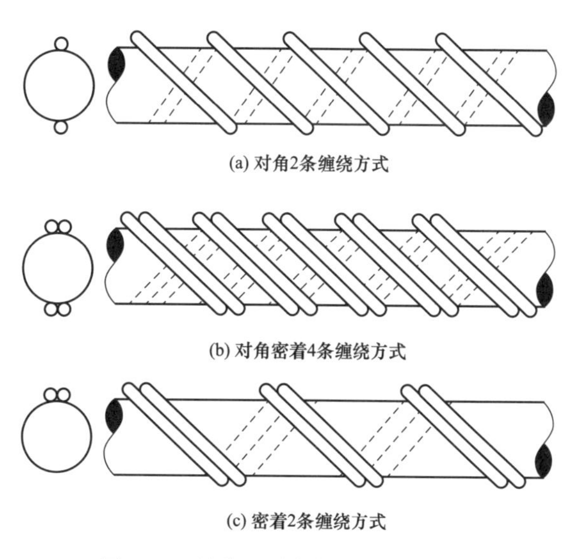

(a) 对角2条缠绕方式

(b) 对角密着4条缠绕方式

(c) 密着2条缠绕方式

图6-62 导线风噪声扰流线缠绕方式

6.7.4.2 导线本体降噪措施及低噪声导线的开发

对于导线本体，通过增加子导线的截面和增大导线的分裂数量即可降低噪声；对于金具及均压环，可优化金具及均压环设计方案，降低其表面的电场强度，从而减小电晕噪声。对于厂供金具，除要求加强工艺水平外，建议施工单位在现场安装导线及金具时，对线夹、金具、导线表面进行打磨处理，避免在导线压接时因其表面毛刺引起的尖端放电。在运输、保管等环节要避免金具、线夹之间的挤压碰撞变形，确保外形完整。

低噪声导线是在导线制作过程中，直接在其外层上缠绕若干股类似扰流线的异型线股。这种异型线股的高度要比扰流线的直径小，而且具有一定的开角，不会增加导线的电晕噪声和无线电干扰水平，而且与缠绕扰流线措施具有同等的防风噪声效果。为降低导线的电晕噪声和无线电干扰水平，有的低噪声导线外层全部再用梯形截面的线股绞制，其中部分线股较高，在导线表面形成一定的突起。

6.7.5 声学超材料

声学超材料是人为设计的一种复杂的复合结构，因为其结构尺寸远小于声波波长，所以具有自然材料所不具备的特殊性质。声学超材料具有以下特征：①声学超材料通常是具有新奇人工结构的复合材料；②声学超材料通常具有自然界天然存在材料不具备的物理性质；③声学超材料的性质往往不取决于构成材料的本征性质，而取决于其预设的人工性质；④为实现某个功能而选择声学超材料时，该材料并不具备规范性，因为它取决于所选定的结构。

声学超材料可以使得声波明显衰减，以下列举了几种典型的声学超材料。

1. 薄膜型声学超材料

薄膜型声学超材料是一种负等效质量密度超材料，其结构如图 6-63 所示，它是把薄膜固定在绷膜环上，再在圆形薄膜上固定质量块。

2. 软质技术结构超材料

软质技术是使用孔隙率达 40%的大孔硅胶微球随机分散在水性凝胶基质中形成浓缩悬浮液。这种技术在超材料制备上非常有前途：①它不像普通的声学超材料具有各向异性，它是具有宏观各向同性的；②它可以作为微流控芯片实现控制尺寸、控制形状、控制组成的微谐振器来规模化生产；③能作为软质包裹体，在外界作用下可以变形，也可以定型，在主基质是液态时更容易塑造成型。

3. 一维弹簧质量系统负等效模量超材料

图 6-64 所示是一维弹簧质量系统，其中各弹簧端点采用销钉连接，保持 A、B、C 在水平直线上，弹性系数为 k_1、k_2 的两弹簧夹角为 α，圆盘转动惯量为 I，静态下材料弹性模量为正值。在动态力作用下，只要施加力的频率和材料结构匹配，就可能出现负等效模量。材料的负等效模量类似于负等效质量密度，它们都是材料的动态特性。它们在静态下不为负，动态下会为负。负等效模量、负等效质量密度都能有效地对声波进行衰减。

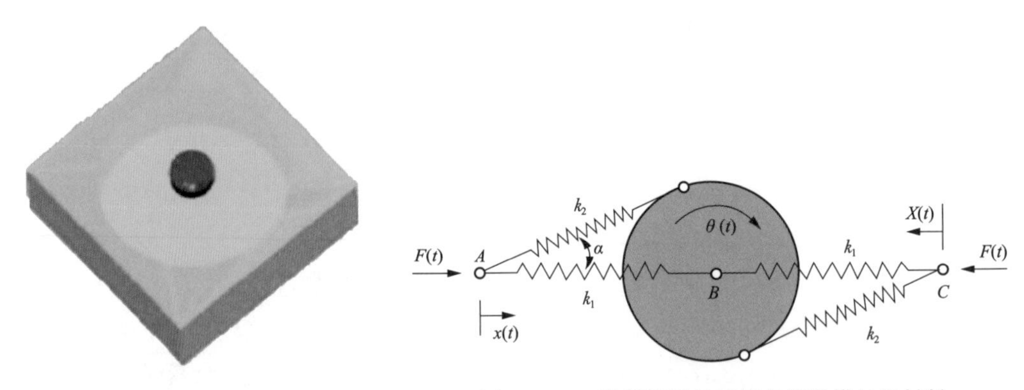

图 6-63 薄膜型声学超材料结构　　图 6-64 一维弹簧质量系统负等效模量超材料

4. 亥姆霍兹共鸣器一维负等效模量模型

亥姆霍兹共鸣器一维负等效模量模型如图 6-65 所示，是声学电路网络结构超材料之一。该结构采用电声类比的思想，用“电容性”和“电感性”声学组件构建出一个声传输网络，模拟出所需各向异性材料的参数分布。例如：在波导管一端有声源作激励信号，激励亥姆霍兹共鸣器的短管里气流运动，当激励信号的频率接近亥姆霍兹共鸣器的共振频率时，由于短管处的声波运动与外界声波声压场相位相反，而导致负等效模量产生，能有效地对声波进行衰减。

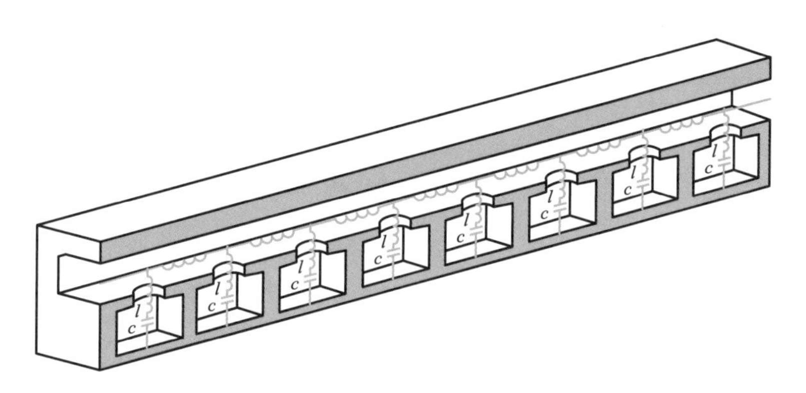

图 6-65　亥姆霍兹共振器一维负等效模量模型

参　考　文　献

［1］ 毛东兴，洪宗辉. 环境噪声控制工程［M］. 北京：高等教育出版社，2010.

［2］ 黄其柏. 工程噪声控制学［M］. 武汉：华中科技大学出版社，1999.

［3］ 赵良省. 噪声与振动控制技术［M］. 北京：化学工业出版社，2005.

［4］ 王佐民. 噪声与振动测量［M］. 北京：科学出版社，2009.

［5］ 葛佩声. 工业噪声与振动控制技术［M］. 北京：中国劳动社会保障出版社，2010.

［6］ 刘敏，崔亚兵，陈聪，等. 变电站噪声污染分析及优化控制［J］. 电力科技与环保，2019，35（04）：1-4.

［7］ 孟晓明，陈胜男，杨黎波，等. 城市户外变电站噪声治理研究［J］. 电力科技与环保，2019，35（03）：1-3.

［8］ 苏喆靖，黄薇. 探析变电站噪声问题及治理措施［J］. 节能与环保，2019（06）：61-63.

［9］ 程馨谊. 浅析变电站噪声成因及治理方案［J］. 资源节约与环保，2018（11）：11-12.

［10］ 李金哲. 变电站的噪声治理［J］. 农村电工，2018，26（07）：45.

［11］ 陈勇勇，王小鹏，杨威. 城市变电站噪声的声品质烦躁度评价试验研究［J］. 科学技术与工程，2018，18（13）：214-218.

［12］ 魏慧杰，唐奇，胡伟，等. 交流变电站主要设备噪声特性分析［J］. 湖南电力，2018，38（02）：21-24.

［13］ 王晓峰，李薇，金东春. 变电站噪声控制技术研究进展［J］. 电力科技与环保，2017，33（06）：34-37.

［14］ 邓晓龙，张宗杰，胡昆鹏. 内燃机油底壳模态分析及噪声预测［J］. 噪声与振动控制，2003（02）：29-31.

［15］ 方丹群. 噪声控制［M］. 北京：北京出版社，1986.

［16］ 刘惠玲. 环境噪声控制［M］. 哈尔滨：哈尔滨工业大学出版社，2002.

［17］ 李耀中. 噪声控制技术［M］. 北京：化学工业出版社，2001.

［18］ 洪宗辉. 环境噪声控制工程［M］. 北京：高等教育出版社，2002.